光学原子磁力仪原理及应用

孙伟民　张军海　曾宪金 等　编著

科学出版社

北　京

内 容 简 介

磁场测量被广泛应用于导航、探测、诊断、预报等各个领域，在国民经济和国防建设中发挥着重要作用。近年来，随着量子科技的快速发展，各种新型光学原子磁力仪不断涌现，测量指标不断刷新，已成为磁场测量的重要手段。本书以铯原子磁力仪为代表，介绍光学原子磁力仪的发展、理论、特性、噪声、制作方法等内容。本书共 12 章，内容主要包括磁场测量的应用领域、原子磁力仪及其发展、铯原子磁力仪的理论基础、全光铯原子标量磁力仪、铯原子矢量磁力仪、磁力仪的量子极限噪声、铯原子磁力仪物理系统的参数分析、铯原子磁力仪闭环系统的研制与测试、磁屏蔽装置、无磁热气流加热温控装置、激光器与稳频技术、两种微小偏转角检测方法等。

本书可作为电子信息、精密测量、医疗仪器、勘探和导航等领域的本科生和研究生的参考书，也可供相关领域的研究人员参考使用。

图书在版编目(CIP)数据

光学原子磁力仪原理及应用 / 孙伟民等编著. —北京：科学出版社，2022.11

ISBN 978-7-03-073481-5

Ⅰ. ①光… Ⅱ. ①孙… Ⅲ. ①光泵磁强计 ②原子磁强计

Ⅳ. ①TM936.1

中国版本图书馆 CIP 数据核字(2022)第 194469 号

责任编辑：张 庆 韩海童 张 震 / 责任校对：任苗苗
责任印制：吴兆东 / 封面设计：无极书装

科 学 出 版 社 出版

北京东黄城根北街 16 号
邮政编码：100717
http://www.sciencep.com

天津市新科印刷有限公司 印刷

科学出版社发行 各地新华书店经销

*

2022 年 11 月第 一 版 开本：720×1000 1/16
2024 年 3 月第三次印刷 印张：11 3/4
字数：228 000

定价：79.00 元
(如有印装质量问题，我社负责调换)

前　　言

在承担了研制高灵敏度原子磁力仪的任务后，我们进行了艰苦攻关，成功完成了高灵敏度磁场测量系统的研发。为了把研制经验保留下来，我们撰写了此书。

磁场精密测量无论在科学研究、工程应用或生活应用中都意义重大。在科学研究领域，磁场可以作为分析物质状态的重要指标；在工程应用领域，可以通过地下、水下磁异常信息，得到矿藏分布信息、水中目标特征等；在生活应用领域，可以利用心磁图、脑磁图得到人体健康信息；人们也可以通过磁场测量电流大小，开展信号监听、实现无损检测、进行地震监控等。光学原子磁力仪由于其高灵敏度，在以上测量领域具有更为广泛的应用前景。

本书介绍了光学原子磁力仪的发展、理论、特性、噪声、制作方法等内容，既包括调研的结果，也有研究心得体会和试验关键参数或技术的分析。其中，孙伟民负责第1、2、12章的编写，张军海负责第3、4、5章的编写，曾宪金负责第8、9、11章的编写，董海峰和王笑菲负责第6章的编写，刘双强负责第7章的编写，赵文辉负责第10章的编写。

由于作者水平有限，不足之处在所难免，希望读者在阅读时根据本人实际工作条件做独立分析，此书仅作为参考之用。如发现书中错误，希望与作者联系，以便进一步完善本书，十分感谢！

电话：13039962916

Email：sunweimin@hrbeu.edu.cn

孙伟民

2022 年 5 月

目　　录

第 1 章 磁场测量的应用领域

磁场作为磁性物体的一种重要特征，是最早被人类认识的物理现象之一。小到分子、原子，大到地球、星际空间，都蕴含着丰富多样的磁场信息。因此，对磁场的测量成为认识物理世界的一项重要技术手段。随着科技的进步，人类对磁场的理论及其所反映的物体信息的认识不断深入，高精度的磁场测量技术也随之而得到极大的发展。近几十年来，对磁场的高精度测量已被广泛应用于地质勘探、军事领域、心磁脑磁测量、地震预测和工业领域等多个领域。

1.1 地 质 勘 探

磁探测方法最主要的应用就是在地质勘探、油气和矿产资源勘察等方面。磁探测方法是物探方法中最古老的一种，其原理是基于磁性岩体和矿体由于本身的磁性会产生相应的磁场，从而使局部地球磁场产生变化。通过探测和研究不同位置处的磁异常，进而发现矿产资源分布和研究地质结构。早在 17 世纪人们利用磁罗盘直接找磁铁矿。在第二次世界大战后，航空磁测法得到广泛应用，可测量大面积的磁场分布。在地质填图时，磁探测方法可划分出各种岩石的分布范围，研究沉积岩下面的基底构造；还可直接用来寻找磁铁矿床，并将其作为一种辅助手段绘制地质图和测定基底构造。图 1.1 是在新疆西天山地区某处通过航空磁测得到的磁异常图[1]。2020 年，陈江源等报道了利用磁探等手段，对西天山卡拉达湾地区铀及多金属矿产进行了调查[2]。在石油等矿藏探测时，往往将磁测数据和重力测量数据等相结合（图 1.2）[3,4]。

对于大范围地质结构和地球磁场研究而言，卫星磁测提供了一个很好的平台。自 1958 年苏联发射了第一颗载有磁力仪的 Sputnik-3 卫星以来，人类开始通过卫星磁测数据来研究全球地质结构[5-7]。2000 年 7 月，德国发射了一颗重磁两用卫星，工作在距离地球 454~300km 的低轨道上，携带了两种磁力仪，分别测量地磁场的标量和矢量信息，比之前的 MAGSAT 地磁卫星的磁场测量准确度高了一个量级[8-10]。图 1.3 是德国发射的 CHAMP 卫星[11,12]。2018 年 2 月 2 日，我国将电磁监测试验卫星"张衡一号"发射升空，进入预定轨道。这标志中国成为世界上少数拥有在轨运行高精度地球物理场探测卫星的国家之一（图 1.4）[13,14]。

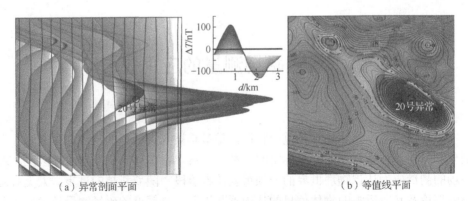

（a）异常剖面平面　　　　　　　　　　（b）等值线平面

图 1.1　航磁异常剖面平面和等值线平面特征图[1]

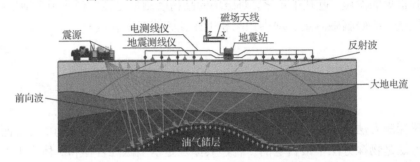

图 1.2　利用电磁法探测油气资源[3]

图 1.3　德国 CHAMP 卫星[11]　　　图 1.4　我国的电磁监测试验卫星"张衡一号"[13]

　　在矿产油气等资源探测方面，由于卫星磁测的空间分辨率尚不尽如人意，目前广泛使用的是航空磁测和地面高精度磁测[15,16]。自 1957 年以来，我国已经在国内外开展了航磁普查和地面磁测，并在辽南金伯利岩、云南镇康铅锌矿、新疆哈密磁铁矿、新疆西天山铜矿、陕北油气，以及马达加斯加共和国的钒钛磁铁矿等矿产资源的勘探上取得了明显效果[17-21]。随着地表矿产资源的减少，利用局部磁异常寻找深部矿产资源愈来愈受到重视，同时对磁力仪的精度要求也越来越高。图 1.5 是中国国土资源航空物探遥感中心的硬架式直升机测量系统[22]。

图 1.5　硬架式直升机测量系统[22]

　　磁场勘察还是探测古遗存空间分布的主要方法，由于古遗址、墓葬、古建筑及古人类化石本身与所处地层的磁场存在差异，其磁性差异构成了磁学考古的基础。例如，被火烧过的泥土、石头等具有较强的磁场，其比一般的土壤磁性高 1～2 个量级，为考古工作提供了"磁性化石"。有机质的腐烂会使土壤中的赤铁矿变为磁铁矿，因此使土壤获得较强的磁性。人为翻动过的土壤因土质结构、密度发生变化，以及掺入人工制品的残渣，都会使其与周围天然的沉积物之间显示出磁性的差别。对考古对象的磁异常特征进行分析，有助于全面认识考古对象[23-25]。

1.2　军　事　领　域

　　在海战中，潜艇由于具有隐蔽性和突然性，成为重要的威胁力量。为了减少潜艇的威胁，各种反潜侦查系统相继出现，并形成了水面、水下、空中、路基多位一体的体系。目前，对水下潜艇探测的主要手段是依靠声呐设备，但随着潜艇自身降噪技术的发展，声呐探测已经不能完全满足探潜的需要。2009 年发生了英国"前卫"号核潜艇与法国的"凯旋"号核潜艇海底相撞事故，事件中的"前卫"号和"凯旋"号核潜艇不但都采取了更为先进的降噪技术，甚至还装备有模拟海洋噪声的装置，进一步掩盖自己的声音特征，这些都说明现代核潜艇的隐蔽性达到了相当高的地步。

　　为了提高反潜侦查系统的有效性，各国都在积极发展非声探测技术。其中，利用潜艇自身磁性特征的磁异常探潜技术具有明显的优势，这是由于潜艇在大海中航行时会产生大地磁场扰动，舰艇内的机械振动也会使出航前消过磁的舰体逐渐磁化，同时潜艇螺旋桨转动引起海水中产生局部电流，引起磁场的动态变化，并且尾流存留时间长，延伸距离可达数十公里，因此增大了探测距离。

目前发展最为成熟的是航空反潜技术，其主要特点是反潜机速度快、航程远、反应迅速；作战覆盖海域宽广、搜潜精度高、反潜效率高；隐蔽安全，不易被水下潜艇发现和攻击；攻潜效果好，一旦发现潜艇可以快速实施攻击。除了采用飞机反潜外，还有一种与飞机组成综合探测系统的浮标式磁探仪，其工作方式和声呐浮标类似。早在第二次世界大战中，美国就开始在远程轰炸机上试验磁异常探测器（magnetic anomaly detector，MAD）系统的反潜效果，当时使用的是磁通门磁力仪。1944 年，装备有该类型 MAD 系统的盟军 VP-63 型反潜机第一次成功探测并击沉德国的 U-761 型潜艇。当时，这种磁探仪探测距离只有 120m 左右，也就是说如果飞机在离海面 50m 飞行，只能探测水下 70m 的潜艇。目前，美国、俄罗斯、英国和法国的远程反潜巡逻机、反潜直升机上都装备有 MAD 系统。美国的 P-3C Orion 型反潜巡逻机上装备的 AN/ASQ-208 型氦 4 光泵磁探仪，灵敏度为3pT，用于取代 P-3C 系列反潜巡逻机的 P-8A "海神" 多用途海上飞机装备了加拿大 CAE 公司提供的灵敏度更高、更加先进的一体化磁异常探测系统。新的AN/ASQ-504/508 型氦 4 光泵磁探仪被装备到 P-3、SH60、SH2 等直升机或者预警机上（图 1.6）[26]。随着潜艇制作材料和工艺的不断进步，潜艇本身的磁特征在减弱。研究人员开展了潜艇尾流电磁效应、德拜效应的测量，这种方法不受潜艇自身磁性的影响，只是跟踪潜艇尾流引起的海水中的电磁场变化。

图 1.6　AN/ASQ-504 被装备到 CP140 海上预警机[26]

1.3　心磁脑磁测量

在生物医学领域，高灵敏度磁力仪是一种重要的医学辅助诊断仪器。弱磁检测技术在医疗领域的应用主要包括脑磁[27,28]和心磁测量[29,30]，图 1.7 给出了脑磁测量原理示意图。

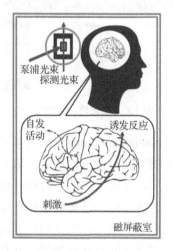

泵浦光束
探测光束

自发活动
诱发反应

刺激

磁屏蔽室

图 1.7　脑磁测量原理示意图

大脑是人类身体中最复杂也是最重要的器官。在大脑皮层，大约有 10^{10} 个神经细胞，这些细胞是产生各种大脑活动的基本单元。当大脑处于休息状态时，由于钠离子的渗透率小于钾离子，外部神经元膜保持着几十毫伏的电压。当神经细胞受到刺激时，离子的渗透率发生变化，钠离子穿透神经元膜，电压产生反向。这种突然的电压改变会产生电脉冲，沿着神经细胞轴突传播。在轴突的末端，电信号转化成化学信号释放神经递质穿过突触间隙传递给下一个神经细胞。沿着轴突传播的电脉冲会产生非常微弱的磁场（<100fT）[31,32]。由于人体颅内脑神经组织带电粒子的迁移会产生局部电流，造成局部磁场变化，目前广泛采用超导磁力仪记录这种随时间变化的磁场变化，称为脑磁图（magnetoencephalography，MEG）。还可通过刺激脑部神经组织引起磁场的变化，例如采用声信号（听觉诱发脑磁反应）、光信号（视觉诱发脑磁反应）或电信号（体表感觉诱发脑磁反应）刺激。在20 世纪 80 年代，国外已经采用超导量子干涉仪测量听觉诱发中潜伏期脑磁反应和听觉诱发脑干磁反应。20 世纪 90 年代初又出现了听觉诱发脑磁图，如图 1.8 所示[33]，主要用于癫痫病灶的定位诊断，以及脑梗死、脑出血、精神障碍疾病的诊断。脑磁图目前已广泛应用在癫痫和病灶定位、大脑功能区定位、缺血性脑血

管疾病、精神病和心理障碍等疾病的诊断中[34-39]。

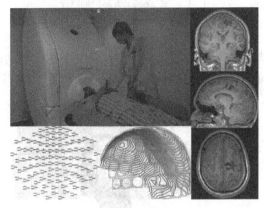

图 1.8　听觉诱发脑磁图[33]

除脑磁图外，心磁图（magnetocardiography，MCG）也是非常重要的医学诊断手段。人体心脏的跳动伴随着激活电流的产生，这个电流在周围产生磁场，心磁学即是对这个磁场进行测量、分析给出医学解释。由于传统的心电图只能测量体表不等势两点的电位差，这种电位差是心脏电流在体表的反应，而体表的电位差往往不能推算出体内心电电流的准确分布，同时其需要接触式测量。而采用高温超导磁力仪进行心磁测量可以实现非接触测量，并且测量准确，可以对心脏损伤部位进行定位。目前，心磁图已经用于心脏疾病的诊断。在心肌缺血、冠心病、心律失常和胎儿心脏疾病检测等领域，人们已经利用心磁图开展了大量临床研究工作[40-43]。

随着磁力仪灵敏度的提高和技术的进步，近年来，人们已经开始研究利用高灵敏度磁力仪来定位分子、癌细胞和测量植物磁场等[44,45]。

1.4　地震预测

地震灾害的突发性与频发性给人们的生命财产带来了极大的危害。全球每年发生的地震有五百五十万次之多，常常引起水灾和火灾以及细菌、有毒气体的泄露和扩散等，还能引起海啸、崩塌、滑坡等很多次生灾害。2008 年的 5·12 汶川地震给人们的财产带来巨大的损失，人们对地震的预报工作提出了很大质疑。地震时产生的地球磁场变化是地震预报的一个重要手段，对地震磁现象的研究迄今也有近百年的历史，但到目前为止仍是一个世界难题。一般认为，地震引起磁场变化的原因主要有两点，一是地震前岩石在地应力作用下出现的"压磁效应"，从而引起地磁场局部变化；二是地应力使岩石被压缩或拉伸，引起电阻率变化，使电磁场有相应的局部变化，岩石温度的改变也能使岩石电磁性质改变。因此，利用电磁手段有望可以实现地震的预报。通过长期观测表明，地磁的任何一个分量，在任何一个地方都是不断变化的。变化的原因是多方面的，如与太阳、地球等天体运行有关的昼夜变化、季节变化、年变化等周期性变化；还有在地震的孕育发展过程中，由于地下应力作用，地下岩石的物理、化学性质就要发生变化，从而导致地下岩石磁性的改变，于是在地面上观测到的地磁就会发生局部的微弱变化。只有通过观测数据分析，从大量引起地磁变化的因素中排除干扰因素，提取出地应力作用引起的地磁变化，才能得到与地震有关的具有规律性的地磁变化异常，实现预报地震。在 5·12 汶川地震前的 5 月 8 日地磁信号出现了异常现象[46]。按照压磁效应理论，地震在孕育的过程中，地下应力的变化会引起地下岩石磁性的改变，从而导致地球局部场产生不规则变化，即磁异常现象。地震孕育所伴随的物理化学过程，有可能通过压磁效应、膨胀磁效应、热效应等产生震磁前兆异常[47-49]。Johnston 等分别在 1998 年西太平洋地球物理学术讨论会和 1999 年第 22 届 IUGG 大会中，报告了地震电磁前兆研究的新进展[50]与监测地震、火山喷发的电磁方法[51]。

1978 年 11 月 2 日苏联通过测量地磁异常变化，以及其他地球物理和地质资料的综合分析，提前 6 小时成功预报了震级为 7 级的阿赖地震[52]。美国通过两个磁力仪观测到 1992 年 6 月 28 日发生在加州兰德斯的 7.3 级地震[53]。在我国，利用地磁预报地震的方法还在探索阶段中，各地的地震台都装配有磁通门磁力仪，积极探索利用磁场信息预报地震的可行性研究[54]。根据地磁异常等震前前兆，我国曾成功预报了 1975 年 2 月 4 日的 7.3 级辽宁海城地震，及时疏散了居民，减少了大量人员伤亡[55]。由于震前地磁异常幅度小，通常在几个纳特到十几个纳特之间，因此提高磁力仪的精度对准确获取地磁异常信息、提高地震预报成功率至关重要。为了能准确快速地进行地震预测，世界各国都大量布置了地磁观测台站[56]。

1.5　工 业 领 域

在工业领域，磁检测法可用来检测金属材料的内部缺陷。这是由于金属材料在加上微电流后会在其周围产生弱磁场，材料存在缺陷处由于其电导率不同，导致磁场分布不均产生梯度变化，这种微小的磁梯度可通过高灵敏度的磁力仪进行检测，从而推断出材料缺陷位置和缺陷程度[57,58]。

随着通信业的迅速发展，陆地上铺设的各种通信缆线已经无法满足社会的需求，因此超距离、大容量的光缆就被铺设在了海底。但是无法在海面上设置固定的标志，同时海底生物游动、地形变化、水流运动以及地震海啸等因素的存在会使光缆位置发生变化，为后期定位施工和维护带来了很大困难。近年来研究发现，磁异常探测方法作为一种无源检测法，是目前查找定位海底光缆的重要技术手段。中国海洋石油集团有限公司就利用 SeaSPY 型高分辨率磁力探测系统在南海东部海域进行海底光缆的调查[59-61]。水下磁探测还可用于水下沉船定位、寻找坠落飞机残骸等（图 1.9）[62-64]。

（a）G-882 海洋磁力仪　　　（b）SeaSPY海洋磁力仪　　　（c）SeaQuest阵列式海洋磁力仪

图 1.9　拖曳磁力仪阵列[62]

1.6　其 他 应 用

高精度磁测技术在海洋工程、大型工程项目选址和基础科学研究等领域也有广泛的应用。在海洋石油钻井平台周边水域通常布满管道和各种线缆，随着时间积累、海浪冲刷等因素，常常相互交叉，给海洋安全作业、船舶停靠等带来隐患。因此，对于海底管线位置的准确探测显得尤为重要。相比起其他的技术手段，高精度磁测拥有快速、准确和经济的巨大优势[65,66]。除此之外，磁测技术也是水下沉船、失事飞机等水下磁性物体的搜索定位方面最常用的手段[67,68]。在基础科学领域，超高灵敏度磁力仪是研究核四极矩、电荷-宇称-时间反演对称性的重要工具[69,70]。

磁探测方法也广泛地应用于天文领域，例如测量太阳磁重联就可以应用专用望远镜（图 1.10）进行光谱偏振分析等[71]，得到太阳表面的磁场分布[72]。目前，我国已经可以制作用于太阳磁场测量的大型光纤积分视场单元，可以得到太阳表面（或者日冕）的三维偏振光谱像[73,74]。

图 1.10　中国科学院国家天文台怀柔观测基地的太阳磁场活动望远镜[71]

参 考 文 献

[1] 郑广如, 张玄杰, 范子良, 等. 高精度航磁调查在新疆西天山地区的应用. 物探与化探, 2011, 35(2): 188-191.

[2] 陈江源, 段晨宇, 牛家骥, 等. 西天山卡拉达湾地区铀及多金属综合找矿方向研究. 地质找矿论丛, 2020, 35(1): 25-32.

[3] Shaydurov G Y, Potylitsyn V S, Stukach O V, et al. Automation of oil and gas exploration by active seismic electric method. IOP Conference Series: Materials Science and Engineering, 2019, 537(5): 052012.

[4] 侯惠群. 重磁勘探方法在石油勘查中的应用. 铀矿地质, 1995, 11(1): 59-64.

[5] 冯彦, 安振昌, 孙涵, 等. 地磁测量卫星. 地球物理学进展, 2010, 25(6): 1947-1958.

[6] 张昌达. 卫星磁测的过去·现在·未来. 物探与化探, 2003, 27(5): 329-332.

[7] 安振昌. 亚洲 MAGSAT 卫星磁异常图. 地球物理学报, 1996, 39(4): 461-469.

[8] Hemant K, Maus S. Geological modeling of the new CHAMP magnetic anomaly maps using a geographical information system technique. Journal of Geophysical Research: Solid Earth (1978–2012), 2005, 110(B12): B12103.

[9] Maus S, Rother M, Holme R, et al. First scalar magnetic anomaly map from CHAMP satellite data indicates weak lithospheric field. Geophysical Research Letters, 2002, 29(14): 45-1-47-4.

[10] 冯万营, 时翔. 德国 CHAMP 地球探测小卫星. 测绘标准化, 2001, 17(2): 28-35.

[11] Reigber C, Lühr H, Schwintzer P. CHAMP mission status. Advances in Space Research, 2002, 30(2): 129-134.

[12] Olsen N, Lühr H, Sabaka T J, et al. CHAOS—a model of the Earth's magnetic field derived from CHAMP, Ørsted, and SAC-C magnetic satellite data. Geophysical Journal International, 2006, 166(1): 67-75.

[13] 马凌云. "张衡一号"电磁监测试验卫星. 中国工程咨询, 2018(3): 99-100.

[14] 申旭辉, 泽仁志玛, 袁仕耿, 等. 中国 "张衡一号" 电磁监测卫星计划进展. 城市与减灾, 2021(4): 27-32.

[15] 袁桂琴, 熊盛青, 孟庆敏, 等. 地球物理勘查技术与应用研究. 地质学报, 2011, 85(11): 1744-1805.

[16] 龙昭陵. 地面高精度磁测在湖南地质找矿中的效果及 "九·五" 期间的设想. 湖南地质, 1997, 16(1): 42-46.

[17] 刘世义, 孙吉生. 辽南金伯利岩的磁异常特征. 地质科技情报, 1993(6): 14-20.

[18] 李开毕, 杨淑胜, 蔡旭. 高精度磁测在镇康芦子园矿区勘查中的作用及效果. 云南大学学报(自然科学版), 2012, 34(S2): 157-162.

[19] 柳建新, 郭振威, 童孝忠, 等. 地面高精度磁法在新疆哈密地区磁铁矿勘查中的应用. 地质与勘探, 2011, 47(3): 432-438.

[20] 邵行来, 薛春纪, 严育通, 等. 地面高精度连续磁测在西天山群吉萨依铜矿勘查中的运用. 新疆地质, 2011, 29(3): 342-347.

[21] 蓝海洋, 郑柱, 王密. 质子旋进磁力仪在钒钛磁铁矿勘查中的应用. 现代矿业, 2009(5): 127-129.

[22] 于长春, 熊盛青, 刘士毅, 等. 直升机航磁方法在大冶铁矿区深部找矿中的见矿实例. 物探与化探, 2010, 34(4): 435-439.

[23] 王传雷, 路维民, 王洪松, 等. 磁法探测木质沉船的应用实例. 物探与化探, 2018, 42(4): 708-711.

[24] Dang H B, Maloof A C, Romalis M V. Ultrahigh sensitivity magnetic field and magnetization measurements with an atomic magnetometer. Applied Physics Letters, 2010, 97(15):151110.

[25] 阎桂林. 考古磁学——磁学在考古中的应用. 物探与化探, 1996, 20(2): 141-148.

[26] 董鹏, 孙哲, 邹念洋, 等. 国外磁探潜装备现状及发展趋势. 舰船科学技术, 2018, 40(11): 166-169.

[27] Xia H, Ben-Amar B A, Hoffman D, et al. Magnetoence-phalography with an atomic magnetometer. Applied Physics Letters, 2006, 89(21):211104.

[28] 王晓飞, 孙献平, 赵修超, 等. 超灵敏原子磁力仪在生物磁应用中的研究进展. 中国激光, 2018, 45(2): 0207012.

[29] 赵丹, 陈元禄, 刘芳, 等. 心磁图在冠心病诊断中的临床应用. 天津医科大学学报, 2010, 16(2): 242-245.

[30] Bison G, Wynands R, Weis A. A laser-pumped magnetometer for the mapping of human cardiomagnetic fields. Applied Physics B, 2003,76(3):325-328.

[31] Hämäläinen M, Hari R, Ilmoniemi R J, et al. Magnetoencephalography—theory, instrumentation, and applications to noninvasive studies of the working human brain. Reviews of modern Physics, 1993, 65(2): 413-497.

[32] Baranga A B A, Hoffman D, Hui X, et al. An atomic magnetometer for brain activity imaging. Proceedings of IEEE-NPSS Real Time Conference, 2005: 417-418.

[33] 李克勇, 王直中, 曹克利. 听觉诱发脑磁反应. 临床耳鼻喉科杂志, 1999, 13(10): 476-479.

[34] 孙吉林, 吴杰, 李素敏, 等. 脑磁图在癫痫灶定位中的应用. 现代电生理学杂志, 2003, 10(1): 2-6.

[35] 孙吉林, 吴杰. 脑磁图对脑功能动态活动的定位作用. 中国临床康复, 2004, 8(7): 1334-1335.

[36] 刁芳明, 伍少玲, 燕铁斌. 脑磁图在神经疾病诊断中的应用. 中国康复理论与实践, 2008, 14(2): 108-109.

[37] 闫伟, 谢世平, 王沛弟. 抑郁症的脑磁图研究进展. 临床精神医学杂志, 2009(5): 348-350.

[38] 马恒芬, 吴云涛, 赵文, 等. 双语脑功能机制的脑磁图研究进展. 中国生物医学工程学报, 2021, 40(4): 477-484.

[39] 罗磊, 朱海涛, 徐宏浩, 等. 脑磁图累积源成像在药物难治性颞叶癫痫术前评估中的应用. 中国临床神经外科杂志, 2021, 26(2): 72-76.

[40] 王春宁, 高润霖. 心磁图的临床应用. 中华心血管病杂志, 2003, 31(6): 471-474.

[41] 李英梅, 陆国平, 权薇薇, 等. 心磁图对冠心病患者的诊断价值. 中华心血管病杂志, 2004, 32(7): 610-613.

[42] 沈文锦. 心脏病诊断检查技术研究的新热点——心磁图. 心脏杂志, 2010(3): 437-440.

[43] Wakai R T. Assessment of fetal neurodevelopment via fetal magnetocardiography. Experimental neurology, 2004, 11(6): 65-71.

[44] Yu D, Ruangchaithaweesuk S, Yao L, et al. Detecting molecules and cells labeled with magnetic particles using an atomic magnetometer. Journal of Nanoparticle Research, 2012, 14(9): 1-9.

[45] Johnson C, Adolphi N L, Butler K L, et al. Magnetic relaxometry with an atomic magnetometer and SQUID sensors on targeted cancer cells. Journal of Magnetism and Magnetic Materials, 2012, 324(17): 2613-2619.

[46] 何康, 晏锐, 郑海刚, 等. 伪魏格纳-维勒分布在地磁时频分析中的应用. 中国地震, 2013, 25(1): 157-167.

[47] 林云芳. 我国震磁关系研究的新进展. 地震, 1990(6): 26-34.

[48] 詹志佳, 赵从利, 高金田, 等. 北京地区震磁研究的进展与展望. 地震, 2002, 22(1): 49-53.

[49] 张海洋, 李博, 苏树朋, 等. 冀鲁豫交界区岩石圈磁场异常分布与磁化率结构分析. 地震地磁观测与研究, 2019, 40(6): 47-52.

[50] Johnston M, Hayakawa M. Seismo electromagnetics. American geophysical union. Proceedings of Western Pacific Geophysics Meeting, 1998: 21-25.

[51] Johnston M, Uyeda S, Park S. Electromagnetic methods for monitoring earthquakes and volcanic eruptions. Proceedings of Birmingham IUGG99, 1999: 19-30.

[52] 詹志佳. 震磁现象的观测与研究. 地震, 1984(6): 55-60.

[53] Johnston M J S, Mueller R J, Sasai Y. Magnetic field observations in the near-field the 28 June 1992 M_w 7.3 Landers, California, earthquake. Bulletin of the Seismological Society of America, 1994, 84(3):792-798.

[54] 陈章立, 李志雄. 对地震预报的科学思考. 地震, 2008, 28(1): 1-17.

[55] 詹志佳, 赵从利, 张洪利, 等. 全国地磁测量与地震预测研究. 地震地磁观测与研究, 1999, 20(6): 22-28.

[56] Sun J, Kelbert A, Egbert G D. Ionospheric current source modeling and global geomagnetic induction using ground geomagnetic observatory data. Journal of Geophysical Research, 2015, 120(10):6771-6796.

[57] Bonavolonta C, Valentino A, Peluso G, et al. Non destructive evaluation of advanced composite materials for aerospace application using HTS SQUIDs. IEEE Transactions on Applied Superconductivity, 2007,17(2):772-775.

[58] Kuroda M, Yamanaka S, Isobe Y. Detection of plastic deformation in low carbon steel by SQUID magnetometer using statistical techniques. NDT&E International, 2005, 38(1): 53-57.

[59] 吴水根, 谭勇华, 周建平. 铯光泵磁力仪(G880)在海洋工程勘探方面的应用. 海洋科学, 2006, 30(5): 5-9.

[60] 刘胜旋. 光泵磁力仪在光缆路由调查中的应用. 海洋测绘, 2002, 22(1): 25-29.

[61] 年永吉. SeaSPY 磁力仪在南海海底光缆检测中的应用. 工程地球物理学报, 2010, 7(5): 566-573.

[62] 林君, 刁庶, 张洋, 等. 地球物理矢量场磁测技术的研究进展. 科学通报, 2017, 62(23): 2606-2618.

[63] 何敬礼. 高灵敏度磁力仪在寻找坠落飞机残骸中的应用. 物探与化探, 1999, 23(6): 470-473.

[64] 王传雷, 祁明松, 陈超, 等. 高精度磁测在长江马当要塞沉船探测中的应用. 地质科技情报, 2000, 19(3): 98-102.

[65] 裴彦良, 刘保华, 张桂恩, 等. 磁法勘察在海洋工程中的应用. 海洋科学进展, 2005, 23(1): 114-119.

[66] 仲德林, 吴永亭, 刘建立. 埕岛海上石油平台周边海底管道与电缆的探测技术研究. 海岸工程, 2004, 23(4): 32-37.

[67] 岳永强, 李才明, 李军, 等. 高精度磁测对水下磁性物体的搜索定位. 物探化探计算技术, 2010, 32(5): 519-521.

[68] 李才明, 宋晓麟, 李军, 等. 用高精度磁测为长江沉船定位//中国地球物理学会第 22 届年会论文集, 2006: 299.

[69] Lee S K, Sauer K L, Seltzer S J, et al. Subfemtotesla radio-frequency atomic magnetometer for detection of nuclear quadrupole resonance. Applied Physics Letters, 2006, 89(21): 214106.

[70] Brown J M, Smullin S J, Kornack T W, et al. A new limit on Lorentz-and CPT-violating neutron spin interactions. Physical Review Letters, 2010, 105(15): 151604.

[71] 郭晶晶, 杨云飞, 冯松, 等. 太阳望远镜高精度导行方法. 科学通报, 2016, 61(10): 1112-1120.

[72] 梁波, 施正, 林佳本, 等. 太阳深积分磁场观测中异常结构的改正. 科学通报, 2014, 59(36): 3603-3608.

[73] 屈中权, 黎辉, 钟悦, 等. 日冕磁场与等离子体综合探测望远镜. 中国科学: 物理学 力学 天文学, 2019, 49(5): 059606.

[74] Sun W M, Chen X D, Geng T. An integrated field unit with thousands of optical fibers for a solar telescope. Proceedings of SPIE, 2020, 11451: 1145164.

第2章 原子磁力仪及其发展

由于高精度磁场测量技术在各个领域的广泛需求，磁力仪的灵敏度也不断提高。在磁力仪的发展过程中，基于量子理论设计制造的原子磁力仪一直占据着重要的地位。随着激光技术的发展，原子磁力仪的灵敏度也获得了巨大的提高，从最开始的 1nT（$1nT=10^{-9}T$）发展到了目前的 0.1fT（$1fT=10^{-15}T$）的水平。总体而言，原子磁力仪主要包括核子旋进磁力仪、光泵磁力仪、超导量子干涉磁力仪和新型原子磁力仪。下面对这几种原子磁力仪进行简单的介绍。

2.1 核子旋进磁力仪

1954 年，Packard 和 Varian 首次报道了利用水中氢原子核的旋进频率来测量地磁场的方法。1955 年，美国研制成功了第一台核子旋进磁力仪。随后，世界各国都开始了原子磁力仪的研究。我国在 20 世纪 50 年代后期开始核子旋进磁力仪的研究，20 世纪 60 年代就成功研制了商业化的产品，20 世纪 70 年代又进一步地研制了陆地、海洋等各种用途的核子旋进磁力仪。由于核子旋进磁力仪采用的核子通常都是氢原子核即质子，所以核子旋进磁力仪又称为质子磁力仪[1-3]。

质子磁力仪通常选择纯水、煤油、丙酮、酒精等富含氢的液体作为工作物质。如图 2.1 所示，在没有外磁场的情况下，这些液体中质子（氢原子核）的自旋磁矩无规则排列，整体并不显现宏观的磁矩，不会产生旋进现象。为了测定磁场，首先需要使质子磁矩定向排列，建立起一个宏观磁矩，即让液体产生磁化，也叫极化。对于这类液体极化而言，地磁场是一个弱磁场，由它引起的磁矩非常小，可以忽略不计。因此，通常需要加一个比地磁场大许多的强磁场使工作物质产生极化。在极化磁场的作用下，液体中质子的总磁矩 $\boldsymbol{\mu}_P$ 逐渐趋近于极化磁场 $\boldsymbol{B}_P$ 的方向。这时，如果突然撤去极化磁场，在地磁场 $\boldsymbol{B}_e$ 的作用下，质子磁矩 $\boldsymbol{\mu}_P$ 将绕着地磁场方向旋进。这种旋进运动可通过如下布洛赫方程来描述：

$$\frac{\mathrm{d}\boldsymbol{\mu}_P}{\mathrm{d}t} = \gamma_P \boldsymbol{\mu}_P \times \boldsymbol{B}_e \tag{2.1}$$

式中，γ_P 是质子的旋磁比。通过解上述方程，可以得到利用质子旋进频率测量磁场的关系式

$$\omega_{\mathrm{P}} = \gamma_{\mathrm{P}} \boldsymbol{B}_{\mathrm{e}} \tag{2.2}$$

式中，ω_{P} 是质子的旋进频率。通过测量质子的旋进频率，就可以测出地磁场值。在实际过程中，极化信号会由于各种弛豫效应迅速衰减，即质子的磁矩重新回到无规则排列状态。为了使质子磁力仪能连续工作，必须重新极化工作物质，然后再测量旋进频率，不断重复极化、测频、再极化、再测频……的过程。

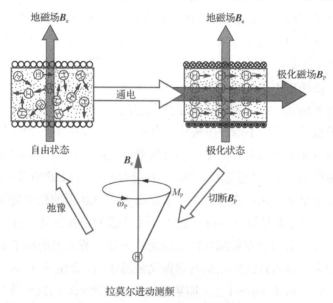

图 2.1　核子旋进磁力仪工作原理

　　上述通过直流磁场使工作物质极化的方法称为静态极化法，这也是质子磁力仪中最常用的极化方法。与静态极化法对应的是动态极化法，相比而言，动态极化法功耗较低。欧沃豪斯（Overhauser）磁力仪采用的便是动态极化法。采用动态极化法的工作物质既需要具有电子自旋磁矩又需要具有核自旋磁矩。其基本原理是通过外加电磁场与电子自旋磁矩产生共振，则电子顺磁共振饱和会导致核自旋磁矩的强烈极化。这种极化方式要比采用静态极化法产生的极化效果高几百至几千倍[4,5]。虽然质子磁力仪距今已有近 60 年的历史，但由于质子磁力仪准确度高、稳定性好，目前依然在广泛使用中。

2.2　光泵磁力仪

　　1950 年，法国物理学家 Kastler 提出了采用光泵浦使原子极化的方法。20 世纪 60 年代初，人们成功地将光泵浦技术应用到磁力仪中，研制出氦（^{4}He）光泵磁力仪。随后，又研制成功了碱金属（钾、铷、铯）光泵磁力仪[6]。最早开发出来的光泵磁力仪都采用气体放电灯作为泵浦光源，20 世纪 90 年代以后，人们逐渐开始采用半导体激光器代替气体放电灯作为泵浦光源。由于激光单色性好、频率稳定、强度高，有效地提高了泵浦效率，使得光泵磁力仪的灵敏度得到了进一步的提高[7-9]。

　　系统中以氦（^{4}He）光泵磁力仪为例，来介绍一下光泵磁力仪的基本工作原理。光泵磁力仪是基于原子的塞曼效应，通过光磁双共振作用来实现磁场的高灵敏度测量。如图 2.2 所示，在没有外部激励作用下，原子都处于基态 1^1S_0 能级上。由于基态能级在磁场中不产生塞曼分裂，通常先外加一个激励场使基态的原子受激跃迁至亚稳态 2^3S_1 上。在室温下，处于亚稳态的氦原子符合玻尔兹曼分布，塞曼子能级间粒子数差很小，不能产生极化。当引入一束频率等于 2^3S_1 态与 2^3P_1 态频率差相等的圆偏振光泵浦时，处于亚稳态塞曼子能级上的原子会向激发态跃迁，即产生光共振作用。由于跃迁选择定则，只有符合 $\Delta m_F=0,\pm 1$ 的能级才能发生跃迁。以左旋圆偏振光泵浦为例，亚稳态塞曼子能级 $m_F=-1,0$ 上的原子会跃迁到激发态 2^3P_1 的 $m_F=0,+1$ 上。亚稳态 $m_F=+1$ 上的原子由于没有满足跃迁选择定则的激发态可供跃迁，因此不会吸收左旋圆偏振泵浦光。而处于激发态的原子不稳定，会自发辐射回亚稳态，随着持续的左旋圆偏振光泵浦作用，2^3S_1 态上 $m_F=-1,0$ 上的原子会全部转移到 2^3S_1 态 $m_F=+1$ 上。即实现了原子自旋磁矩的定向排列，显示出宏观的极化效果。完全极化状态下的氦原子不再吸收泵浦光，透过氦原子气室的光最强。这时，如果引入一个频率与亚稳态塞曼子能级频率差相等的射频场，处于 2^3S_1 态 $m_F=+1$ 上的粒子会跃迁到 2^3S_1 态 $m_F=-1,0$ 上，亚稳态塞曼子能级上的粒子数重新均匀分布，没有粒子数差，极化效果被打乱，即磁共振作用。由于 2^3S_1 态 $m_F=-1,0$ 上都有粒子数分布，氦原子会重新吸收泵浦光。当射频场的频率完全等于塞曼能级差时，对泵浦光的吸收最强，透过的光最弱。因此，通过判断透过光强即可确定射频场频率，进而测出引起亚稳态塞曼能级频移的磁场值。

　　光泵磁力仪有扫频（跟踪式）磁力仪和自激振荡磁力仪，氦（^{4}He）光泵磁力仪和钾光泵磁力仪通常采用跟踪式，铯光泵磁力仪一般采用自激振荡式。跟踪式磁力仪是通过判断透射光强最弱的频率点来实时跟踪拉莫尔进动频率的。这种方式在磁场快速变化时，容易出现"失锁"现象。当射频场频率等于拉莫尔进动频率时，不仅透过的光强最弱，而且可以观察到频率等于拉莫尔进动频率的微弱信号。通过放大此微弱信号，反馈到射频线圈上形成自激振荡。当外界磁场变化时，振荡频率也随之改变。采用这种方式的磁力仪称为自激振荡磁力仪。自激振荡磁力仪可以响应快速变化的磁场。

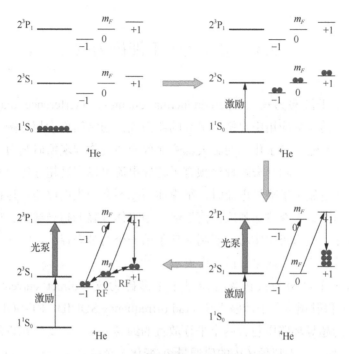

图 2.2　氦光泵磁力仪对应能级图

　　光泵磁力仪具有灵敏度高、无零点漂移、响应快速等优点，是目前航空磁测中广泛应用的一种磁力仪，也是国内外研究的热点。我国国土资源部航空物探遥感中心研制了多种用于航空磁测和地面磁测的氦光泵磁力仪，其中 HC-2000 型航空氦光泵磁力仪灵敏度达到了 $0.3\mathrm{pT/Hz^{1/2}}$ [10]。中国船舶重工集团有限公司 715 所是我国生产氦光泵磁力仪的主要单位，其产品在地磁台站、海洋磁测等领域有广泛的应用[11,12]。北京大学在氦激光光泵磁力仪方面进行了研究[13]。吉林大学在国家 863 计划的支持下，开展了氦光泵磁力仪的研究[14-16]。浙江大学在氦光泵磁力仪和铯光泵磁力仪领域都进行了深入的研究，其中铯光泵磁力仪在地磁场条件下（50000nT）的灵敏度达到了 $8.6\mathrm{pT/Hz^{1/2}}$ [17,18]。武汉理工大学开展了铯光泵磁力仪的研究[19,20]，哈尔滨工程大学在光泵磁力仪的应用、碱金属光泵磁力仪的设计等方面进行了相关的研究[21-23]。

　　国外已有多家公司能提供性能良好的光泵磁力仪产品。如美国 Polatomic 公司生产的 P-2000 型氦光泵磁力仪，灵敏度达到了 $0.1\mathrm{pT/Hz^{1/2}}$，目前已装备到美国 P-3C 飞机上。

2.3 超导量子干涉磁力仪

超导量子干涉磁力仪（superconducting quantum interference magnetometer, SQUID）是目前实际应用中灵敏度最高的磁力仪，通常简称为超导磁力仪。超导磁力仪是基于磁通量量子化和约瑟夫森隧穿效应两种物理现象研制而成的。1962年，剑桥大学研究生约瑟夫森理论预言了超导电流可以穿过超导体中间的薄层绝缘体，而且在电流小于临界电流时，绝缘体两端不会产生电位差。这种隧穿效应后来就被称为约瑟夫森隧穿效应，而被薄层绝缘体分隔的超导结构就称为约瑟夫森结。1963年，美国贝尔实验室研制成功了第一个约瑟夫森结。1973年，约瑟夫森因发现超导电流隧穿现象获得了诺贝尔奖[24]。

超导量子干涉磁力仪包含直流量子干涉磁力仪（direct current SQUID, DC-SQUID）和射频量子干涉磁力仪（radio-frequency SQUID, RF-SQUID）两种。DC-SQUID 的超导环路中包含两个平行放置的约瑟夫森结，工作在直流偏置电流下。如图 2.3 所示，当超导环内的磁通量 Φ_0 变化一个磁通量子时，SQUID 的电压即改变一个周期。通过振荡计数器探测这种微小的电压变化即可知道磁通量的变化。这种方式最小可探测 $10^{-6}\Phi_0$ 的磁通量变化。RF-SQUID 的超导环路中只有一个约瑟夫森结，工作在交流状态下。射频电流驱动一个 LC 谐振回路，通过互感与超导环路耦合。环内磁通量变化时，共振回路的电压以 F_0 为周期变化。RF-SQUID 最小可探测 $10^{-5}\Phi_0$ 的磁通量变化，灵敏度比 DC-SQUID 要差一些[25,26]。

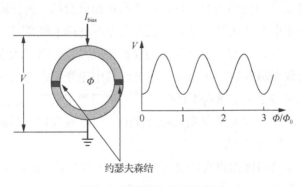

图 2.3 超导磁力仪工作原理

最灵敏的超导磁力仪一般采用液氦制冷，工作在 4.2K 的温度下，灵敏度能达到 1fT/Hz$^{1/2}$。20 世纪 80 年代出现了高温超导磁力仪，采用液氮制冷，工作在 77K

的温度下。超导磁力仪由于灵敏度高、响应速度快、测量范围宽，目前已应用在核磁共振、无损检测、脑磁图和心磁图等领域[27]。

2015 年，中国科学院上海微系统与信息技术研究所构建了一种可通过 GPS 进行时间同步的新型磁力仪，传感器的本底噪声约为 $6fT/Hz^{1/2}$ [28]。2019 年，该单位又研发了一种由 SQUID 和一组磁通变压器组成的高灵敏度磁力仪等效磁场噪声为 $2.88fT/Hz^{1/2}$ [29]。

2.4　新型原子磁力仪

原子磁力仪是近十年来发展起来的一种具有超高灵敏度的磁力仪，也是目前世界上微弱磁场测量领域最前沿的研究方向。原子磁力仪的基本原理是通过检测碱金属原子最外层电子自旋极化矢量在外磁场中的旋进来测量磁场的。与光泵磁力仪通过测量原子的去极化过程来确定旋进频率不同，原子磁力仪采用一束弱的检测光直接检测电子自旋极化大小来判断旋进频率，从而测出外磁场。由于这类原子磁力仪通常采用激光调制的光泵浦-光检测的全光学结构，因此也称为全光学原子磁力仪[30,31]。对激光进行调制的结构最早由 Bell 和 Bloom 提出，由于没有外加射频振荡场产生的功率增宽，能有效地减小磁力仪线宽，从而提高灵敏度[32]。

原子磁力仪的工作物质主要包括钾、铷、铯（K、Rb、Cs）三种，这是因为碱金属原子最外层只有一个未配对的电子，很容易通过光泵浦技术实现电子自旋的高度极化。极化信号越强，原子磁力仪的信噪比就会越高。从工作机制来分，原子磁力仪主要包括无自旋交换弛豫磁力仪、非线性磁光旋转磁力仪、相干布局囚禁磁力仪。除此之外，一种基于金刚石中氮空位的原子磁力仪因其极高的空间分辨率也引起了人们的关注。

目前，原子磁力仪的灵敏度已经超过了超导磁力仪，成为当今灵敏度最高的磁场测量手段。超导磁力仪虽然已经成功地应用在医学领域，但工作时需要液氦或液氮制冷，结构复杂、体积庞大，而且无论是设备还是维护费用都非常昂贵。相比而言，原子磁力仪具有高灵敏度、低成本、体积结构小的优点。最近几年，原子磁力仪在生物医学、基础物理学、磁异常探测等方面的应用研究迅速兴起。也正是由于原子磁力仪展现出的卓越性能和广阔的应用前景，美国麻省理工学院在 2008 年度的《技术评论》（*MIT Technology Review*）中，将原子磁力仪评为未来最有可能改变人类生活的十项新兴技术之一[33]。

2.4.1　原子磁力仪的发展现状

　　原子磁力仪的系统性研究最早出现于 2002 年，美国普林斯顿大学 Romalis 教授研究组发表了一篇题为《无自旋交换弛豫的高灵敏度原子磁力仪》的文章，灵敏度达到了 10 fT/Hz$^{1/2}$[34]。次年，Romalis 教授研究组又报道了基于无自旋交换弛豫（spin exchange relaxation free, SERF）机制进一步优化的钾原子磁力仪，灵敏度达到了 0.54fT/Hz$^{1/2}$，并且预期理论灵敏度可以达到 1aT/Hz$^{1/2}$（1aT=10^{-18}T），超越了一直以来灵敏度最高的超导磁力仪[35]。

　　这种原子磁力仪的基本原理如图 2.4 所示，首先采用一束圆偏振泵浦光使原子沿着泵浦光方向极化，在外磁场的作用下，原子的自旋极化矢量将会绕磁场做拉莫尔进动。在与泵浦光垂直的方向用一束线偏振检测光来检测极化矢量在检测光方向的投影。极化的原子对线偏振光的左右旋分量的折射率不同，导致穿过原子气室的线偏振光的偏振面会产生一个微小的偏转。当泵浦光的调制频率与拉莫尔进动频率共振时，检测光的偏转角最大。因此，通过判断最大偏转角时对应的调制频率，即可测出外磁场大小[36,37]。为了达到高灵敏度的目标，需要尽可能地达到高的极化程度和低的弛豫速率。1973 年，纽约哥伦比亚大学教授 Happer 和 Tang 提出了在自旋交换碰撞速率大于拉莫尔进动频率情况下，自旋交换弛豫效应会得到抑制，在粒子数密度为 10^{14}cm^{-3} 的原子气室里观察到了 200Hz 的磁共振线宽[38]。Romalis 教授研究组研制的磁力仪即是工作在这样的机制下，从而保证了在高粒子数密度情况下极化信号得到增强，而塞曼共振线宽并没有增加。由于要满足自旋交换碰撞速率大于拉莫尔进动频率，因此这种消除自旋交换弛豫的磁力仪只能工作在弱磁场下（<10nT）。图 2.5 是 Romalis 教授研究组研制的钾原子磁力仪试验装置图[35]。

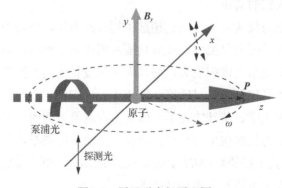

图 2.4　原子磁力仪原理图

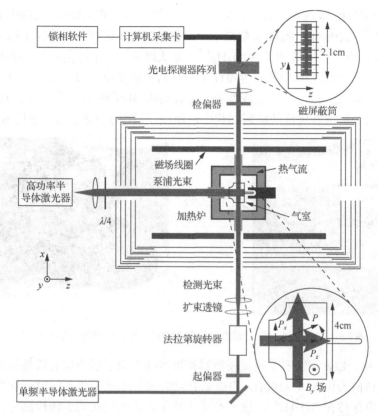

图 2.5　Romalis 教授研究组研制的钾原子磁力仪试验装置图[35]

2005 年，Savukov 和 Romalis 教授对高粒子数密度碱金属原子气室里的自旋交换碰撞效应进行了系统的研究，为进一步提高 SERF 原子磁力仪的灵敏度提供了参考[39]。2010 年，在将钾原子气室加热到 200℃的温度下，Romalis 教授研究组将 SERF 钾原子磁力仪的灵敏度提高到了 0.16fT/Hz$^{1/2}$，成为当前灵敏度最高的磁力仪[40]。为了测量核四极矩共振等在射频范围内变化的弱磁场，Romalis 教授研究组研制了高灵敏度的射频原子磁力仪，在 423kHz 下灵敏度达到了 0.24fT/Hz$^{1/2}$，并通过采用自旋抑制来降低噪声，在保持灵敏度前提下进一步提高了带宽[41-43]。由于采用石蜡涂敷的碱金属气室能保证原子与气壁之间碰撞 10000 次而不改变极化状态，因此能有效地提高碱金属原子的极化寿命，增加磁力仪的灵敏度[44-47]。但石蜡在 60~80℃时就会熔化，不适合于 SERF 机制下钾原子和铷原子磁力仪的高温工作条件。为详细地描述出涂敷后气室的特性，Romalis 和 Budker 教授研究组等采用不同的方法研究了碱金属原子在不同涂敷材料下的极化寿命[48,49]。2009年，Romalis 教授采用十八烷基三氯硅烷（octadecyltrichlorosilane，OTS）作为涂层材料，在 170℃工作条件下，研制了基于涂敷气室的 SERF 原子磁力仪，灵敏度达到了 6fT/Hz$^{1/2}$，这种涂敷材料能使原子与气壁的碰撞次数达到 2000 次而不产生去极化[50]。2008 年，Budker 教授小组研制了 SERF 机制下的铯原子磁力仪，在103℃的条件下灵敏度达到了 40fT/Hz$^{1/2}$，并从理论上指出优化后的灵敏度能达到0.2fT/Hz$^{1/2}$ [51]。2013 年，Shah 等设计了一种高灵敏度原子磁力仪，该磁力仪的传感器探头只有 22.5cm^3，可由低成本光学元件构成。由于磁场分辨率小于 10fT/Hz$^{1/2}$因而可以用于记录高质量的脑磁图和心脏磁图，适用于生物医学（图 2.6）[52]。

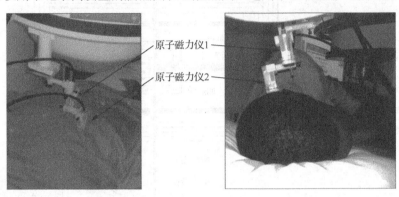

原子磁力仪1
原子磁力仪2

图 2.6　将高灵敏度原子磁力仪放置在受试者胸部和顶叶皮层上方[52]

　　2014 年，Lee 等证明了负反馈能够扩展 SERF 原子磁力仪的检测带宽。试验结果显示该磁力仪在 0～190Hz 的频率响应增强了接近 3 倍，同时能够在 100Hz时将灵敏度保持在 3fT/Hz$^{1/2}$。这一结果支持了该磁力仪在弱生物检测方面的可行性[53]。2016 年，浙江工业大学的林强研究组研制出灵敏度达到 6fT/Hz$^{1/2}$ 的磁力仪，并用于脑磁研究[54]。2017 年，Sheng 等研制了一种基于碱原子光学的原子磁梯度仪（图 2.7），在 20Hz 以上时灵敏度可达到 10fT/Hz$^{1/2}$，传感器可以测量 20mm 基线范围内的磁场差异[55]。

图 2.7　基于碱原子光学的原子磁梯度仪[55]

　　1846 年，法拉第发现了当有纵向磁场时，线偏振光经过某些晶体材料后偏振面发生了旋转，并且旋转角与磁场成正比。后来人们在原子气室中也发现了类似的现象，只是当光的频率与原子跃迁线共振时旋转角最大。直到 1974 年，Gawlik教授研究组利用激光来做原子气室中的前向散射试验时，发现了在零磁场处存在非常窄的谱线结构[56]。自此，非线性磁光效应（nonlinear magneto-optical effect,

NMOE），也称为非线性磁光旋转（nonlinear magneto-optical rotation，NMOR）引起了人们的重视。1998 年，Budker 教授研究组在石蜡涂层的铷原子气室里实现了线宽仅为 1.3Hz，磁场峰峰值为 0.28nT 的 NMOR 信号（图 2.8）[57]。由于极窄的磁共振线宽，NMOR 迅速应用到了高灵敏度磁力仪上。2000 年，Budker 教授研究组研制出了工作在室温下的非线性磁光旋转铷原子磁力仪，并指出，在零磁场附近，其基于光子散粒噪声限制的灵敏度可以达到 0.3fT/Hz$^{1/2}$[58]。NMOR 原子磁力仪在光强不同时占主导作用的物理机制会有所不同。如图 2.9 所示，线偏振光使原子沿着光的偏振方向被极化，原子气室显示出线二向色性。当存在纵向磁场时，原子极矩绕磁场进动，使原子气室的线二向色性轴向发生偏转。对于线偏振光而言，此时的原子介质极化方向不再与其偏振面平行，显示出对线偏振光的垂直和水平分量吸收不同，导致穿过气室的线偏振光的偏振面发生偏转[59,60]。

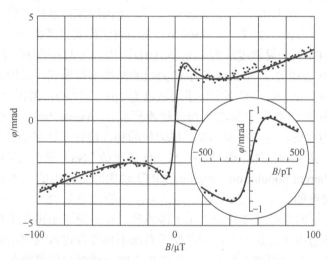

图 2.8　零磁场处的非线性磁光旋转[57]

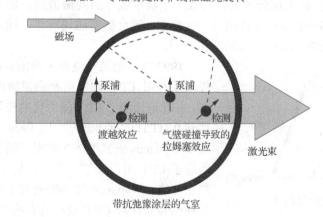

图 2.9　非线性磁光旋转原子磁力仪原理[58]

　　为拓展 NMOR 原子磁力仪的测量范围，Budker 教授研究组采用频率调制方案，使其在地磁场下也可以工作，在 20℃下，基于散粒噪声限制的灵敏度达到了 60fT/Hz$^{1/2}$ [61-64]。加利福尼亚州立大学 Kimball 等在 5cm 直径的石蜡涂覆铷原子气室中，将铷原子气室加热到 35℃，采用频率调制方案研制了散粒噪声限制下灵敏度达到 2fT/Hz$^{1/2}$ 的 NMOR 原子磁力仪[65]。波兰雅盖隆大学 Gawlik 教授和美国加州大学伯克利分校的 Budker 教授研究组采用幅度调制方案，同样有效地扩展了 NMOR 原子磁力仪的测量范围[66-68]。NMOR 原子磁力仪还可以以自激振荡的方式工作，这种模式能显著提高磁力仪的响应速度。Budker 教授研究组利用两束激光，其中一束用于泵浦，采用声光调制器（acousto-optic modulator，AOM）对泵浦光进行幅度调制，另一束未调制激光用于检测，实现了自激振荡式的 NMOR 原子磁力仪，带宽可到 1kHz，测量灵敏度为 0.3pT/Hz$^{1/2}$，通过进一步改进，有望达到 3fT/Hz$^{1/2}$ 的散粒噪声限制灵敏度[69,70]。美国国家标准技术研究院 Kitching 等采用频率调制方案，实现 35～35000nT 范围内工作的自激振荡式 NMOR 原子磁力仪，在 143nT 处灵敏度达到了 0.15pT/Hz$^{1/2}$[71]。意大利锡耶纳大学 Moi 教授研究组的 Belfi 等研究了 NMOR 原子磁力仪的梯度工作模式，采用充有 90torr 氖（Ne）的铯原子气室，在 45℃下实现了灵敏度为 2pT/Hz$^{1/2}$ 的自激振荡式梯度仪[72]。Budker 教授研究组和俄罗斯约飞物理技术研究所 Alexandrov 等对原子气室中 NMOR 效应的发展、物理机制和原子磁力仪的特性进行了详尽的评述[73,74]。

　　1976 年，意大利晶体学研究中心 Alzetta 等在钠（Na）原子气室中发现了相干布居囚禁（coherent population trapping，CPT）现象[75]。CPT 的基本原理如图 2.10 所示，考虑简单的 Λ 型三能级系统，当两束激光的频率分别与两个初态到末态的频率共振时，这两个跃迁路径会产生干涉效应，使得原子不再处于初态上，而是处于两个初态的相干叠加态上，因此原子系统不再吸收进入气室的激光，对光呈现出透明现象。当扫描两束激光频率失谐量 δ_L 时，透射光信号将会在失谐量 δ_L 等于初态能级差 Δ 处出现极大值，形成一个极窄线宽的共振谱线。如果两个初态能级是与磁场相关的塞曼子能级时，能级差 Δ 则会随着磁场变化，通过扫描激光失谐量 δ_L 即可判断出磁场的微弱变化[76,77]。

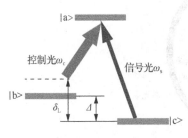

图 2.10　CPT 原理和 CPT 共振信号

　　1992 年，德国马克斯·普朗克研究所 Scully 提出了利用 CPT 现象研制高灵敏度磁力仪的方案，并理论预测了 CPT 磁力仪的极限灵敏度可以达到 0.1fT/Hz$^{1/2}$ 的水平[78,79]。1998 年，德国波恩大学 Wynands 研究组首次实现了测量交变磁场的铯原子 CPT 磁力仪[80]。为了评估 CPT 磁力仪的潜在性能，Wynands 等详细研究了铯原子气室中各种试验条件对 CPT 效应的影响[81]。2001 年，Wynands 研究组采用充入 10kPa 缓冲气体的铯原子气室，实现了共振线宽为 42Hz，灵敏度为 12pT/Hz$^{1/2}$ 的 CPT 磁力仪，并指出其灵敏度主要受制于激光光源的频率噪声[82]。Moi 教授研究组的 Bevilacqua 等研究了铯原子超精细结构下塞曼子能级的 CPT 现象并在无外磁场屏蔽的条件下，对心脏磁场信号进行了测量[83,84]，他们还研制了集成化的能自动连续测量地磁场或叠加在地磁场上微弱异常的 CPT 磁力仪，并详细研究了其特性[85]。Katsoprinakis 等在 CPT 磁力仪方面也开展了广泛的研究，其研究组基于电磁感应透明在保证原子磁力信噪比的前提下，扩展到了磁力仪频率范围[86]。2010 年，俄罗斯莫斯科大学激光中心的 Vladimirova 等在铷原子气室中，研究了相干暗态共振的频率调制光谱[87]。同年，Romalis 教授研究组采用偏振调制方案，研制了无盲区的 CPT 铷原子磁力仪[88]。美国国家标准技术研究院 Rosenbluh 等利用差分探测，研究了垂直偏振激光场中 CPT 共振效应[89]。美国威廉玛丽学院 Cox 等利用铷原子气室中的电磁感应透明现象，开展了对磁场矢量测量的研究[90]。2017 年，北京航空航天大学的董海峰等提出了一种三轴原子磁力仪（图 2.11），该磁力仪利用抽运光的共振来测量主场分量，同时利用自旋进动调制的探头光束的旋光来测量横向场分量[91]。2018 年，哈尔滨工程大学张军海等通过共振时的直流分量及两谐波对称振幅来确定磁场与激光极化方向的夹角，并且利用两谐波反对称相移的差值来确定待测磁场在垂直光极化方向投影与射频场方向的夹角进而实现了结构简单的张量磁矩进动型矢量原子磁力仪[92]。

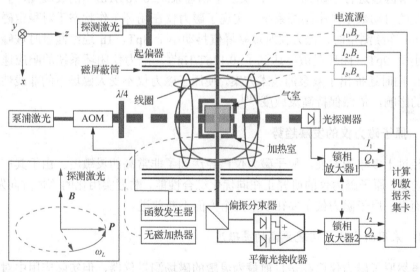

图 2.11　三轴原子磁力仪[91]

还有一种基于固态介质金刚石中氮空位的原子磁力仪。这种氮空位的金刚石（nitrogen-vacancy centers in diamond）磁力仪的磁场感应部分是其氮空位中心，也称为 NV 色心。NV 色心具有稳定的自旋量子态和超长的弛豫时间，并且对磁场具有高度敏感性[93,94]。其工作原理与光泵磁力仪类似，通过光学和微波双共振方法来探测外磁场。由于其传感部分是 NV 色心，故这种磁力仪的空间分辨率极高，可以达到纳米级，可望实现单分子水平的磁场探测[95-98]。其灵敏度极限可达 $0.1fT/Hz^{1/2}$，并且可在 0～300K 的宽温度范围下工作[99,100]。

浙江大学林强研究组采用单光束的方法，通过测量透过铷原子气室的光强来获知磁场信息，灵敏度达到了 $0.5pT/Hz^{1/2}$[101]。北京航空航天大学房建成研究组研究了基于 SERF 的芯片级原子磁力仪，并提出了适合芯片级原子磁力仪实际制作过程的控制机制[102,103]。该研究组还研究了在无屏蔽矢量原子磁力仪中的零磁场搜寻技术和新的磁场补偿系统，在 x、y、z 三方向的剩磁分别只有 $\pm0.38nT$、$\pm0.43nT$、$\pm1.62nT$[104,105]，并采用单个激光器实现了磁场的三维测量[106]。

河南师范大学量子芯片与精密探测技术研究组也开展了芯片级原子磁力仪的研究。中国科学院武汉物理与数学研究所顾思洪研究组在 CPT 原子磁力仪领域开展了研究，采用能级调制方案降低了噪声，实现了 $100pT/Hz^{1/2}$ 的灵敏度[107,108]。香港科技大学杜胜望等提出了一种基于双暗态时域干涉的超冷原子磁力仪，其灵敏度达到了 $0.24pT/Hz^{1/2}$[109]。中国计量科学研究院开展了铯原子磁力仪的研究。哈尔滨工程大学孙伟民研究组在铯原子磁力仪领域进行了相关的研究，设计了基于圆二向色性检测结构的铯原子磁力仪，并且对影响磁力仪灵敏度的光强、温度、占空比等因素进行了研究[110-115]，实现了物理系统 $0.1pT/Hz^{1/2}$ 的灵敏度，利用自主研发的自动数字频率跟踪系统，实现了磁力仪在闭环工作状态下对稳定磁场进行 1min 连续测量时，磁力仪时域峰峰值抖动小于 3pT，1h 连续测量时域峰峰值抖动小于 9pT，闭环灵敏度达到了 $0.12pT/Hz^{1/2}$，磁力仪闭环系统的响应速度为 1.2Hz，同时还提出了双泵浦技术方案，使原子磁力仪不受大磁场下的非线性塞曼效应的影响，依然保持高灵敏度[116]。

2.4.2　原子磁力仪的发展趋势

经过十多年的发展，原子磁力仪已经达到了非常高的灵敏度。由于其广阔的应用前景，原子磁力仪的研究正在向优化综合性能，贴近实用化的总体方向发展。具体而言，原子磁力仪主要在以下几个方面不断前进。

1. 采用新方法，实现更高的灵敏度

虽然原子磁力仪已经是目前最为灵敏的磁场测量仪器，但实际应用中对灵敏度的要求却并没有极限。而且随着探测距离的增加，应用领域的拓展，对磁力仪灵敏度的要求变得更高。因此，向更高的灵敏度发展始终是磁力仪技术前进的方向。原子磁力仪领域的研究者也在不断研究新的方法来提高灵敏度。

2010 年，普林斯顿大学 Romalis 教授研究组提出了利用混合原子气室中的自旋交换碰撞引起的自旋极化转移机制来提高原子磁力仪灵敏度的方案。与通常的原子磁力仪只充入一种碱金属原子不同，Romalis 教授研究组在稠密的 K 原子气室中充入少量的 Rb 原子，用激光直接泵浦 Rb 原子，由于 Rb 原子和 K 原子间的自旋交换碰撞，Rb 原子的自旋极化转移到了 K 原子上。试验结果发现这种间接的泵浦 K 原子的极化效果比直接泵浦 K 原子要高 4.5 倍，对提高原子磁力仪的灵敏度有重要的价值。有意思的是，Romalis 教授研究组并不是故意在 K 原子气室中充入 Rb 原子的，而是偶然的因素 K 原子气室被约 0.2% 的 Rb 污染了[117]。事实上，人们很早就研究过利用自旋交换碰撞来极化自由电子[118]，并在极化 ^{3}He 原子的试验中，就采用混合 Rb-K-^{3}He 的气室，直接泵浦 Rb 原子，通过 Rb-K 间的自旋交换碰撞使 K 原子极化，从而使 ^{3}He 获得比 Rb-^{3}He 直接泵浦更高的极化效果[119-121]。在随后的两年里，日本东京大学 Ito 等也采用了混合原子气室中的自旋交换碰撞泵浦技术，有效地提升了磁力仪的灵敏度，并指出了这种泵浦技术下的原子气室有更好的空间极化均匀性[122,123]。2012 年，英国国家物理实验室 Chalupczak、波兰雅盖隆大学 Gawlik 和加州大学伯克利分校 Pustelny 等在约 10^{11}cm^{-3} 的低粒子数密度和仅充入铯原子的气室中，直接采用频率为 D2 线 F_g=3→F_e=2 的圆偏振光泵浦使基态 F_g=3 能级极化，由于 Cs-Cs 间的自旋交换碰撞，基态 F_g=4 能级被极化，而且极化效果高达 92%，在地磁场条件下灵敏度达到了 1fT/Hz$^{1/2}$。这种磁力仪在室温下就可以工作，并且测量范围可以达到地磁场，因此在原子磁力仪的实用化方面极具优势[124,125]。

除采用自旋交换碰撞泵浦技术提高极化效果外，人们还研究了利用量子非破坏性（quantum non-demolition，QND）测量实现原子的自旋压缩态，从而降低原子磁力仪的极限噪声。原子磁力仪的噪声主要有自旋投影噪声（spin projection noise）、光子散粒噪声（photo shot noise）和仪器噪声（instrument noise）。这三种噪声中仪器噪声可以通过技术手段降低，而前两种噪声是受海森伯不确定性关系约束的，是基于量子力学的基础性噪声，也为磁力仪的灵敏度设定了标准量子极限（standard quantum limit，SQL），即基于 N 个原子自旋测量的噪声极限正比于 $N^{1/2}$ [126]。为了超越 SQL，美国罗彻斯特大学的 Kuzmich 等采用一束偏离共振的探测光连续地进行 QND 测量，实现了自旋压缩态，并将自旋噪声降到了 SQL 的 70% 以下[127]。后来，加州理工学院的 Geremia 等首次从理论上指出可以将自旋压缩态应用在原子磁力仪中，利用量子卡尔曼滤波（quantum Kalman filtering）进一步降低原子自旋噪声，可望使原子磁力仪的灵敏度达到了 N^1 的海森堡极限水平[128]。拉脱维亚大学的 Auzinsh 等研究了原子磁力仪中的 QND 测量方法，分析认为在非常短的测量时间内，原子磁力仪的最佳灵敏度可以达到 $N^{-3/4}$ 的水平。如果采用强的压缩态检测光场，灵敏度可以达到海森堡极限水平。同时他们还详细分析了 QND 测量在目前实际应用中存在的困难[129,130]。希腊克里特大学的 Kominis 指出即使在存在自旋弛豫的情况下，即在长的测量时间内，采用自旋压缩态也可以有效地降低自旋噪声，使磁力仪的灵敏度超越 SQL[131]。新墨西哥大学的 Chase 等研究提出采用量子粒子滤波器的方法可以进一步提高原子磁力仪的灵敏度，使其超越海森堡极限[132]。Romalis 教授研究组采用 QND 测量，在自旋极化仅为 1% 的状态下，实现了 $22fT/Hz^{1/2}$ 的灵敏度，并将带宽扩展了 4 倍，达到 1.9kHz，并预期在高极化压缩态的气室中，可以达到 $1fT/Hz^{1/2}$ 以下水平[133]。哥本哈根大学尼尔斯-玻尔研究所 Wasilewski 等试验证明采用量子纠缠辅助的射频原子磁力仪可以有效提高对脉冲磁场测量的灵敏度，使其小于 $1fT/Hz^{1/2}$[134]。西班牙光子科学研究所的 Mitchell 研究组采用偏离共振的偏振压缩态光场检测，使磁力仪的灵敏度提高了 3.2dB[135]，该研究组还在冷原子中利用自旋压缩态和量子纠缠来提高磁力仪的灵敏度和工作带宽[136,137]。

2. 扩展磁力仪的磁场测量范围

由于资源探测和地球科学的广泛需求，在地磁场范围内进行高精度的磁场测量和磁异常探测始终是推动磁力仪发展的一个重要驱动力。因此，在保持原子磁力仪超高灵敏度的前提下，扩展其测量范围成为目前磁力仪实用化进程中的一个重要的研究方向。

对于 NMOR 原子磁力仪和 CPT 磁力仪而言，实现地磁场下的工作相对容易。但对于 SERF 原子磁力仪而言，受其物理机制限制，大磁场下的应用成为一个困难。目前，研究人员正在研究各种技术方案以期在地磁场下实现其应用。普林斯顿大学 Seltzer 等在无地磁场屏蔽的条件下，采用三对亥姆霍兹线圈补偿的方案，将磁力仪探头处磁场保持在零磁场附近，从而仍能实现 SERF 机制下工作，并且可以对磁场进行矢量测量，其测量灵敏度为 $1pT/Hz^{1/2}$[138]。采用梯度结构也是扩展磁力仪工作范围的一个重要方式，Romalis 教授研究组研制了基于梯度结构的 Rb 原子磁力仪，在 $10^{-5}T$ 的磁场环境中，测磁灵敏度优于 $10fT/Hz^{1/2}$[139]。为了提高这种梯度结构磁力仪的灵敏度，Romalis 教授研究组还设计了一种多次反射的原子气室，即在碱金属原子气室的两个端面镀上反射层，使检测光能在气室中多次与极化的原子作用，从而使检测光的偏转角增大。其研究发现，这种多次反射的原子气室能将检测光的偏转角提高到 100rad[140]。Romalis 教授研究组利用这种多次反射的原子气室（图 2.12），在 120℃ 的条件下，采用梯度方案实现了其磁力仪在地磁场下工作，灵敏度达到了 $0.54fT/Hz^{1/2}$，已经非常接近零磁场下工作的灵敏度[141]。

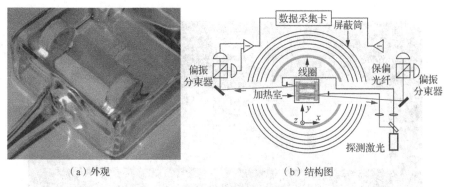

（a）外观　　　　　　　　　　　　（b）结构图

图 2.12　梯度原子磁力仪试验方案图和多次反射的原子气室[141]

3. 磁力仪结构集成化、小型化和微型化

对于实际应用来说，目前原子磁力仪笨重的结构无疑会极大地限制其应用。因此，实现原子磁力仪的集成化、小型化和微型化是其走向户外应用必不可少的环节。在这方面，已经出现了很多有意义的工作。

德国耶拿光子技术研究所 Ijsselsteijn 等将光路集成到无磁材料制成的外壳结构中，并采用激光加热方式，通过光纤连接实现了磁力仪的集成化（图 2.13）[142]。Romalis 教授研究组采用一束椭圆偏振光，其中圆偏振部分用来泵浦，线偏振部分用来检测，实现了小型化的 SERF 磁力仪，其灵敏度达到了 7fT/Hz$^{1/2}$，原子气室尺寸仅为 5mm×5mm×5mm[143]。美国 Sandia 国家实验室的 Johnson 和新墨西哥州的精神研究组织的 Weisend 等合作，采用双波长波片等光学器件，将泵浦光和检测光集成到同一个光路结构中，采用交流电加热，实现了 SERF 原子磁力仪的小型化制作，灵敏度优于 5fT/Hz$^{1/2}$，并应用到了脑磁图的测量中，其小型化的原子磁力仪探头结构如图 2.14 所示[144,145]。近年来，人们已经在空芯光纤中实现了高粒子数密度的碱金属原子气室[146]。在充入铷原子的空芯光纤中观察到了电磁感应透明现象[147]。基于此，英国格拉斯哥大学的 Ironside 等提出了在光子晶体光纤或空芯光纤中充入碱金属原子来研制原子磁力仪的方案[148]。

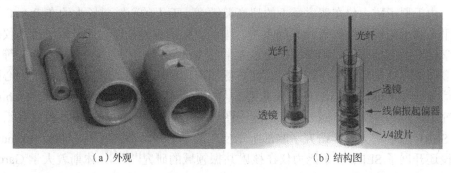

（a）外观　　　　　　　　　　　　（b）结构图

图 2.13　集成化的磁力仪探头[142]

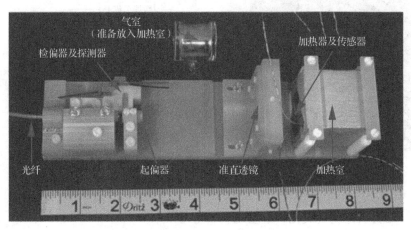

图 2.14　小型化的原子磁力仪探头[144]

美国国家标准技术研究院的 Kitching 研究组采用微机电系统（microelectro mechanical system，MEMS）技术，在原子磁力仪的微型化方面进行了大量的研究。2004 年，Kitching 等报道了微结构碱金属原子气室的制造工艺并于同年研制成功了基于 CPT 的芯片级原子磁力仪，其传感器体积为 $12mm^3$，功耗仅为 195mW，灵敏度达到了 $50pT/Hz^{1/2[149,150]}$。2007 年，采用 M_x（横向磁矩）结构，在 0～100Hz 内实现了 $5pT/Hz^{1/2}$ 灵敏度的铷原子磁力仪，其 3dB 带宽可达 1kHz[151]。随后的几年中，该研究组不断提高了芯片级原子磁力仪的灵敏度[152-154]，并在 2010 年，研制成功了 SERF 机制下的芯片级原子磁力仪，灵敏度达到了 $5fT/Hz^{1/2[155]}$。这使原子磁力仪在便携式应用的过程中获得了极大的进步。

4. 开展在实际应用中的研究

原子磁力仪发展到现阶段，已经具备了在某些实际应用领域中工作的能力。因此，开展原子磁力仪在相关领域的应用研究已经成为当下的一个研究热点。而这些实际应用的研究成果也在继续推动着原子磁力仪性能的不断优化。

由于原子磁力仪在弱磁场下的超高灵敏度，而人的心脏磁场大约在 0.1nT 的水平，脑部磁场大约在 0.1pT 的水平。因此，人们首先开展的便是原子磁力仪在医学领域的应用研究。美国威斯康星大学的 Walker 和瑞士弗里堡大学 Weis 等采用多通道阵列结构的原子磁力仪，在心磁图应用领域开展了研究，其获得的心磁图信号已经可以与 SQUID 磁力仪相媲美[156-158]。美国国家标准技术研究院 Kitching 研究组采用芯片级原子磁力仪，对脑磁图进行了测量[159]。Romalis 教授研究组采用 SERF 原子磁力仪，研究了脑部听觉反应的磁信号特征[160-162]。同时，Romalis 教授还开展了 SERF 原子磁力仪在核磁共振领域的研究[163,164]。休斯敦大学 Garcia 等利用微型化的铯原子磁力仪，在 37℃下工作，进行了核磁共振和磁性粒子成像的研究[165]。Stupic 等开展了原子磁力仪在磁共振成像领域的研究并应用于医疗领域[166,167]。Romalis 研究组还将超高灵敏度的原子磁力仪应用到材料分类领域[168]。北京航空航天大学的 Li 等 2018 年对原子磁力仪的进展和应用进行了综述[169]。

　　从上可以看到，无论是原子磁力仪本身的发展还是其在应用中的研究，总体而言，都是在不断向符合实际应用的方向发展。可以预期，为克服实际应用中遇到的问题和原子磁力仪自身结构形成的矛盾，原子磁力仪还会面临很多技术上的问题。正因如此，原子磁力仪的发展趋势也将会是不断优化和改进自身结构和综合性能，向实用化发展。

参 考 文 献

[1] 陈忠义. 质子旋进磁力仪. 地震研究, 1982, 5(4): 498-516.

[2] 张昌达, 董浩斌. 量子磁力仪评说. 工程地球物理学报, 2004, 1(6): 499-507.

[3] 董浩斌, 张昌达. 量子磁力仪再评说. 工程地球物理学报, 2010, 7(4): 460-470.

[4] 裴彦良, 梁瑞才, 刘晨光, 等. 海洋磁力仪的原理与技术指标对比分析. 海洋科学, 2005, 29(12): 4-8.

[5] 谭超, 董浩斌, 葛自强. OVERHAUSER 磁力仪激发接收系统设计. 仪器仪表学报, 2010(8): 1867-1872.

[6] 张昌达. 量子磁力仪研究和开发近况. 物探与化探, 2005, 29(4): 283-287.

[7] Alexandrov E B, Bonch-Bruevich V A. Optically pumped atomic magnetometers after three decades. Optical Engineering, 1992, 31(4): 711-717.

[8] Alexandrov E B. Recent progress in optically pumped magnetometers. Physica Scripta, 2003, T105: 27-30.

[9] Alexandrov E B, Balabas M V, Pasgalev A S, et al. Double-resonance atomic magnetometers: from gas discharge to laser pumping. Laser Physics, 1996, 6(2): 244-251.

[10] 舒晴, 周坚鑫. 航空磁力仪发展现状简介. 中国地球物理学会第 22 届年会论文集, 2006: 185.

[11] 黄成功, 吴文福, 余恺, 等. 氦光泵磁力仪探头的小型化设计. 声学与电子工程, 2009(3): 32-33.

[12] 邹鹏毅, 罗深荣, 顾建松. 两型光泵磁力仪比对试验结果及分析. 声学与电子工程, 2008(2): 35-37.

[13] Wu T, Peng X, Gong W, et al. Observation and optimization of 4He atomic polarization spectroscopy. Optics Letters, 2013, 38(6):986-988.

[14] 张振宇, 程德福, 连明昌, 等. 氦光泵磁力仪信号的分析及检测. 仪器仪表学报, 2011, 32(12): 2656-2661.

[15] 张振宇, 程德福, 连明昌, 等. 氦光泵磁力仪信号检测控制回路的设计. 电子测量与仪器学报, 2011, 25(4): 366-371.

[16] 周志坚, 程德福, 王君, 等. 氦光泵磁力仪中磁敏传感器的研制. 传感技术学报, 2009, 9(9): 1284-1288.

[17] 祁香兵. 数字氦光泵磁力仪的设计与实现. 杭州: 浙江大学, 2007.

[18] Huang K K, Li N, Lu X H. A high sensitivity laser-pumped cesium magnetometer. Chinese Physics Letters, 2012, 29(10):100701.

[19] 王永超. 光泵磁力仪的频率采集系统的设计与实现. 武汉: 武汉理工大学, 2012.

[20] 司风雷. 铯光泵谱灯激励与弱磁检测电路的设计和实现. 武汉: 武汉理工大学, 2010.

[21] 李慧. 光泵磁力仪识别铁磁目标的实验研究. 哈尔滨: 哈尔滨工程大学, 2011.

[22] 张杨, 康崇, 孙伟民, 等. 基于超精细结构下的激光光泵铯磁力仪的理论研究. 光学与光电技术, 2010, 8(2): 54-57.

[23] 杨月芳. 数字化铷光泵磁力仪的设计. 哈尔滨: 哈尔滨工程大学, 2011.

[24] Weinstock H. A review of SQUID magnetometry applied to nondestructive evaluation. IEEE Transactions on Magnetics, 1991, 27(2): 3231-3236.

[25] Clarke J. Principles and applications of SQUIDs. Proceedings of the IEEE, 1989, 77(8): 1208-1223.

[26] Greenberg Y S. Application of superconducting quantum interference devices to nuclear magnetic resonance. Reviews of Modern Physics, 1998, 70(1): 175-222.

[27] Kleiner R, Koelle D, Ludwig F, et al. Superconducting quantum interference devices: state of the art and applications. Proceedings of the IEEE, 2004, 92(10): 1534-1548.

[28] 伍俊, 邱隆清, 孔祥燕, 等. 基于 GPS 同步的新型低温超导磁力仪. 传感技术学报, 2015, 28(9): 1347-1353.

[29] 韩昊轩, 张国峰, 张雪, 等. 低噪声超导量子干涉器件磁强计设计与制备. 物理学报, 2019, 68(13): 138501.

[30] Budker D, Romalis M. Optical magnetometry. Nature Physics, 2007, 3(4): 227-234.

[31] Kitching J, Knappe S, Donley E A. Atomic sensors-a review. IEEE Sensors Journal, 2011, 11(9): 1749-1758.

[32] Bell W E, Bloom A L. Optically driven spin precession. Physical Review Letters, 1961, 6(6): 280-281.

[33] MIT TR Editors. The 10 Emerging Technologies of 2008. MIT Technology Review, 2008.

[34] Allred J C, Lyman R N, Kornack T W, et al. High-sensitivity atomic magnetometer unaffected by spin-exchange relaxation. Physical Review Letters, 2002, 89(13): 130801.

[35] Kominis I K, Kornack T W, Allred J C, et al. A subfemtotesla multichannel atomic magnetometer. Nature, 2003, 422(6932): 596-599.

[36] Budker D. Atomic physics: a new spin on magnetometry. Nature, 2003, 422(6932): 574-575.

[37] Seltzer S J. Developments in alkali-mental atomic magnetometer. Princeton: Princeton University, 2008.

[38] Happer W, Tang H. Spin-exchange shift and narrowing of magnetic resonance lines in optically pumped alkali vapors. Physical Review Letters, 1973, 31(5): 273-276.

[39] Savukov I M, Romalis M V. Effects of spin-exchange collisions in a high-density alkali-metal vapor in low magnetic fields. Physical Review A, 2005, 71(2): 023405.

[40] Dang H B, Maloof A C, Romalis M V. Ultrahigh sensitivity magnetic field and magnetization measurements with an atomic magnetometer. Applied Physics Letters, 2010, 97(15): 151110.

[41] Savukov I M, Seltzer S J, Romalis M V, et al. Tunable atomic magnetometer for detection of radio-frequency magnetic fields. Physical Review Letters, 2005, 95(6): 063004.

[42] Lee S K, Sauer K L, Seltzer S J, et al. Subfemtotesla radio-frequency atomic magnetometer for detection of nuclear quadrupole resonance. Applied physics letters, 2006, 89(21): 214106.

[43] Alem O, Sauer K L, Romalis M V. Spin damping in an RF atomic magnetometer. Physical Review A, 2013, 87(1):013413.

[44] Bouchiat M A, Brossel J. Relaxation of optically pumped Rb atoms on paraffin-coated walls. Physical Review, 1966, 147(1): 41-54.

[45] Robinson H G, Johnson C E. Narrow [87]Rb hyperfine - structure resonances in an evacuated wall - coated cell. Applied Physics Letters, 1982, 40(9): 771-773.

[46] Graf M T, Kimball D F, Rochester S M, et al. Relaxation of atomic polarization in paraffin-coated cesium vapor cells. Physical Review A, 2005, 72(2): 023401.

[47] Castagna N, Bison G, Di Domenico G, et al. A large sample study of spin relaxation and magnetometric sensitivity of paraffin-coated Cs vapor cells. Applied Physics B, 2009, 96(4): 763-772.

[48] Seltzer S J, Rampulla D M, Rivillon-Amy S, et al. Testing the effect of surface coatings on alkali atom polarization lifetimes. Journal of Applied Physics, 2008, 104(10): 103116.

[49] Seltzer S J, Michalak D J, Donaldson M H, et al. Investigation of antirelaxation coatings for alkali-metal vapor cells using surface science techniques. The Journal of Chemical Physics, 2010, 133(14): 144703.

[50] Seltzer S J, Romalis M V. High-temperature alkali vapor cells with antirelaxation surface coatings. Journal of Applied Physics, 2009, 106(11): 114905.

[51] Ledbetter M P, Savukov I M, Acosta V M, et al. Spin-exchange-relaxation-free magnetometry with Cs vapor. Physical Review A, 2008, 77(3): 033408.

[52] Shah V K, Waka R T. A compact, high performance atomic magnetometer for biomedical applications. Physics in Medicine and Biology, 2013, 58(22): 8153-8161.

[53] Lee H J, Shim J H, Moon H S. Flat-response spin-exchange relaxation free atomic magnetometer under negative feedback. Optics Express, 2014, 22(17): 19887-19894.

[54] 黄圣洁, 张桂迎, 胡正珲, 等. 利用高灵敏的无自旋交换弛豫原子磁力仪实现脑磁测量. 中国激光, 2018, 45(12): 1204006.

[55] Sheng D, Perry A R, Krzyzewski S P, et al. A microfabricate optically-pumped magnetic gradiometer. Applied Physics Letters, 2017, 110(3): 031106.

[56] Gawlik W, Kowalski J, Neumann R, et al. Observation of the electric hexadecapole moment of free Na atoms in a forward scattering experiment. Optics Communications, 1974, 12(4): 400-404.

[57] Budker D, Yashchuk V, Zolotorev M. Nonlinear magneto-optic effects with ultranarrow widths. Physical Review Letters, 1998, 81(26): 5788-5791.

[58] Budker D, Kimball D F, Rochester S M, et al. Sensitive magnetometry based on nonlinear magneto-optical rotation. Physical Review A, 2000, 62(4): 043403.

[59] Kanorsky S I, Weis A, Wurster J, et al. Quantitative investigation of the resonant nonlinear Faraday effect under conditions of optical hyperfine pumping. Physical Review A, 1993, 47(2): 1220-1226.

[60] Budker D, Kimball D F, Rochester S M, et al. Nonlinear magneto-optical rotation via alignment-to-orientation conversion. Physical Review Letters, 2000, 85(10): 2088-2091.

[61] Budker D, Kimball D F, Yashchuk V V, et al. Nonlinear magneto-optical rotation with frequency-modulated light. Physical Review A, 2002, 65(5): 055403.

[62] Malakyan Y P, Rochester S M, Budker D, et al. Nonlinear magneto-optical rotation of frequency-modulated light resonant with a low-J transition. Physical Review A, 2004, 69(1): 013817.

[63] Pustelny S, Kimball D F J, Rochester S M, et al. Pump-probe nonlinear magneto-optical rotation with frequency-modulated light. Physical Review A, 2006, 73(2): 023817.

[64] Acosta V, Ledbetter M P, Rochester S M, et al. Nonlinear magneto-optical rotation with frequency-modulated light in the geophysical field range. Physical Review A, 2006, 73(5): 053404.

[65] Kimball D F, Jacome L R, Guttikonda S, et al. Magnetometric sensitivity optimization for nonlinear optical rotation with frequency-modulated light: rubidium D2 line. Journal of Applied Physics, 2009, 106(6): 063113.

[66] Gawlik W, Krzemien L, Pustelny S, et al. Nonlinear magneto-optical rotation with amplitude modulated light. Applied Physics Letters, 2006, 88(13): 131108.

[67] Pustelny S, Wojciechowski A, Kotyrba M, et al. All-optical atomic magnetometers based on nonlinear magneto-optical rotation with amplitude modulated light. Proceedings of 14th International School on Quantum Electronics: Laser Physics and Applications. International Society for Optics and Photonics, 2007: 660404.

[68] Pustelny S, Wojciechowski A, Gring M, et al. Magnetometry based on nonlinear magneto-optical rotation with amplitude-modulated light. Journal of Applied Physics, 2008, 103(6): 063108.

[69] Higbie J M, Corsini E, Budker D. Robust, high-speed, all-optical atomic magnetometer. Review of Scientific Instruments, 2006, 77(11): 113106.

[70] Hovde C, Patton B, Corsini E, et al. Sensitive optical atomic magnetometer based on nonlinear magneto-optical rotation. Proceedings of SPIE, 2010, 7693: 769313.

[71] Schwindt P D D, Hollberg L, Kitching J. Self-oscillating rubidium magnetometer using nonlinear magneto-optical rotation. Review of Scientific Instruments, 2005, 76(12): 126103.

[72] Belfi J, Bevilacqua G, Biancalana V, et al. Stray magnetic field compensation with a scalar atomic magnetometer. Review of Scientific Instruments, 2010, 81(6): 065103.

[73] Alexandrov E B, Auzinsh M, Budker D, et al. Dynamic effects in nonlinear magneto-optics of atoms and molecules: review. Journal of the Optical Society of America B, 2005, 22(1): 7-20.

[74] Budker D, Gawlik W, Kimball D F, et al. Resonant nonlinear magneto-optical effects in atoms. Reviews of Modern Physics, 2002, 74(4): 1153-1201.

[75] Alzetta G, Gozzini A, Moi L, et al. An experimental method for the observation of RF transitions and laser beat resonances in oriented Na vapour. Ⅱ Nuovo Cimento B Series 11, 1976, 36(1): 5-20.

[76] Whitley R M, Stroud J C R. Double optical resonance. Physical Review A, 1976, 14(4): 1498-1513.

[77] 刘国宾, 孙献平, 顾思洪, 等. 高灵敏度原子磁力计研究进展. 物理, 2012, 41(12): 803-810.

[78] Scully M O, Fleischhauer M. High-sensitivity magnetometer based on index-enhanced media. Physical Review Letters, 1992, 69(9): 1360-1363.

[79] Fleischhauer M, Scully M O. Quantum sensitivity limits of an optical magnetometer based on atomic phase coherence. Physical Review A, 1994, 49(3): 1973-1986.

[80] Nagel A, Graf L, Naumov A, et al. Experimental realization of coherent dark-state magnetometers. Europhysics Letters, 1998, 44(1): 31-36.

[81] Wynands R, Nagel A. Precision spectroscopy with coherent dark states. Applied Physics B: Lasers and Optics, 1999, 68(1): 1-25.

[82] Stähler M, Knappe S, Affolderbach C, et al. Picotesla magnetometry with coherent dark states. Europhysics Letters, 2001, 54(3): 323-328.

[83] Andreeva C, Bevilacqua G, Biancalana V, et al. Two-color coherent population trapping in a single Cs hyperfine transition, with application in magnetometry. Applied Physics B, 2003, 76(6): 667-675.

[84] Belfi J, Bevilacqua G, Biancalana V, et al. Cesium coherent population trapping magnetometer for cardiosignal detection in an unshielded environment. Journal of the Optical Society of America B, 2007, 24(9): 2357-2362.

[85] Belfi J, Bevilacqua G, Biancalana V, et al. All optical sensor for automated magnetometry based on coherent population trapping. JOSA B, 2007, 24(7): 1482-1489.

[86] Katsoprinakis G, Petrosyan D, Kominis I K. High frequency atomic magnetometer by use of electromagnetically induced transparency. Physical Review Letters, 2006, 97(23): 230801.

[87] Vladimirova Y V, Zadkov V N, Akimov A V, et al. Frequency-modulation high-precision spectroscopy of coherent dark resonances. Proceedings of SPIE, 2010: 77270F.

[88] Ben-Kish A, Romalis M V. Dead-zone-free atomic magnetometry with simultaneous excitation of orientation and alignment resonances. Physical Review Letters, 2010, 105(19): 193601.

[89] Rosenbluh M, Shah V, Knappe S, et al. Differentially detected coherent population trapping resonances excited by orthogonally polarized laser fields. Optics Express, 2006, 14(15): 6588-6594.

[90] Cox K, Yudin V I, Taichenachev A V, et al. Measurements of the magnetic field vector using multiple electromagnetically induced transparency resonances in Rb vapor. Physical Review A, 2011, 83(1): 015801.

[91] Huang H C, Dong H F, Hu X Y, et al. Three-axis atomic magnetometer based on spin precession modulation. Applied Physics Letters, 2017, 107(18): 182403.

[92] 张军海, 王平稳, 韩煜, 等. 共振线极化光实现原子矢量磁力仪的理论研究. 物理学报, 2018, 67(6): 060701.

[93] Jelezko F, Gaebel T, Popa I, et al. Observation of coherent oscillations in a single electron spin. Physical Review Letters, 2004, 92(7): 076401.

[94] Childress L, Dutt M V G, Taylor J M, et al. Coherent dynamics of coupled electron and nuclear spin qubits in diamond. Science, 2006, 314(5797): 281-285.

[95] Maze J R, Stanwix P L, Hodges J S, et al. Nanoscale magnetic sensing with an individual electronic spin in diamond. Nature, 2008, 455(7213): 644-647.

[96] Balasubramanian G, Chan I Y, Kolesov R, et al. Nanoscale imaging magnetometry with diamond spins under ambient conditions. Nature, 2008, 455(7213): 648-651.

[97] Degen C L. Scanning magnetic field microscope with a diamond single-spin sensor. Applied Physics Letters, 2008, 92(24): 243111.

[98] Steinert S, Dolde F, Neumann P, et al. High sensitivity magnetic imaging using an array of spins in diamond. Review of Scientific Instruments, 2010, 81(4): 043705.

[99] Taylor J M, Cappellaro P, Childress L, et al. High-sensitivity diamond magnetometer with nanoscale resolution. Nature Physics, 2008, 4(10): 810-816.

[100] Acosta V M, Budker D, Hemmer P R. Optical magnetometry with nitrogen-vacancy centers in diamond. Charpter 8 of Optical Magnetometry, Cambridge University Press, 2013.

[101] 李曙光, 周翔, 曹晓超, 等. 全光学高灵敏度铷原子磁力仪的研究. 物理学报, 2010, 59(2): 877-882.

[102] Xing S, Haifeng D, Jiancheng F. Chip scale atomic magnetometer based on SERF. Proceedings of the 2009 4th IEEE conference on Nano/Micro Engineered and Molecular Systems, 2009: 231-234.

[103] Qin J, Fang J, Dong H. Control scheme for chip-scale atomic magnetometer. Proceedings of ICEMI'09. 9th International Conference on. IEEE, 2009(1):725-728.

[104] Dong H, Lin H, Tang X. Atomic-signal-based zero field finding technique for unshielded atomic vector magnetometer. IEEE Sensors Journal, 2013, 13(1):186-189.

[105] Fang J, Qin J. In situ triaxial magnetic field compensation for the spin-exchange-relaxation-free atomic magnetometer. Review of Scientific Instruments, 2012, 83(10): 103104.

[106] Dong H, Fang J, Zhou B, et al. Three-dimensional atomic magnetometry. European Physical Journal AP, 2012, 57(2): 21004.

[107] Liu G B, Du R C, Liu C Y, et al. CPT magnetometer with atomic energy level modulation. Chinese Physics Letters, 2008, 25(2): 472-474.

[108] Liu G, Gu S. Experimental study of the CPT magnetometer worked on atomic energy level modulation. Journal of Physics B: Atomic, Molecular and Optical Physics, 2010, 43(3): 035004.

[109] Song J J, Du S, Foreman B A. Atomic magnetometer based on a double-dark-state system. Physics Letters A, 2011, 375(37): 3296-3299.

[110] Zeng X J, Hao M S, Li Q M, et al. A design of cesium atomic magnetometer based on circular dichroism. Applied Mechanics and Materials, 2012, 203: 268-272.

[111] Zhang J, Wang F, Li J, et al. Study of optimum pumping intensity at Cs vapor magnetometer. Proceedings of SPIE, 2010: 76560W.

[112] Li Q M, Zhang J H, Liu Q, et al. The effects of pump beam on cesium magnetometer sensitivity. Advanced Materials Research, 2012, 571: 205-208.

[113] Liu Q, Zhang J, Zeng X, et al. Proper temperature for Cs atomic magnetometer. Proceedings of SPIE, 2011: 81991G.

[114] Zeng X J, Zhang J H, Liu Q, et al. Influence of pump light's duty cycle on cesium atomic magnetometer. Advanced Materials Research, 2012, 571: 209-213.

[115] Zhang J H, Liu Q, Zeng X J, et al. All-optical cesium atomic magnetometer with high sensitivity. Chinese Physics Letters, 2012, 29(6): 068501.

[116] Zhang J H, Zeng X J, Li Q M, et al. Spectrally selective optical pumping in Doppler-broadened cesium atoms. Chinese Physics B, 2013, 22(5): 053202.

[117] Romalis M V. Hybrid optical pumping of optically dense alkali-metal vapor without quenching gas. Physical Review Letters, 2010, 105(24): 243001.

[118] Dehmely H G. Spin resonance of free electrons polarized by exchange collisions. Physical Review, 1958, 109(2):381-385.

[119] Ben-Amar B A, Appelt S, Romalis M V, et al. Polarization of ^{3}He by spin exchange with optically pumped Rb and K vapors. Physical Review Letters, 1998, 80(13): 2801-2804.

[120] Babcock E, Nelson I, Kadlecek S, et al. Hybrid spin-exchange optical pumping of ^{3}He. Physical Review Letters, 2003, 91(12): 123003.

[121] Chen W C, Gentile T R, Walker T G, et al. Spin-exchange optical pumping of ^{3}He with Rb-K mixtures and pure K. Physical Review A, 2007, 75(1): 013416.

[122] Ito Y, Ohnishi H, Kamada K, et al. Sensitivity improvement of spin-exchange relaxation free atomic magnetometers by hybrid optical pumping of potassium and rubidium. IEEE Transactions on Magnetics, 2011, 47(10): 3550-3553.

[123] Ito Y, Ohnishi H, Kamada K, et al. Effect of spatial homogeneity of spin polarization on magnetic field response of an optically pumped atomic magnetometer using a hybrid cell of K and Rb atoms. IEEE Transactions on Magnetics, 2012, 48(11): 3715-3718.

[124] Chalupczak W, Godun R M, Pustelny S, et al. Room temperature femtotesla radio-frequency atomic magnetometer. Applied Physics Letters, 2012, 100(24): 242401.

[125] Chalupczak W, Godun R M, Anielski P, et al. Enhancement of optically pumped spin orientation via spin-exchange collisions at low vapor density. Physical Review A, 2012, 85(4): 043402.

[126] Santarelli G, Laurent P, Lemonde P, et al. Quantum projection noise in an atomic fountain: a high stability cesium frequency standard. Physical Review Letters, 1999, 82(23): 4619-4622.

[127] Kuzmich A, Mandel L, Bigelow N P. Generation of spin squeezing via continuous quantum nondemolition measurement. Physical Review Letters, 2000, 85(8): 1594-1597.

[128] Geremia J M, Stockton J K, Doherty A C, et al. Quantum Kalman filtering and the Heisenberg limit in atomic magnetometry. Physical Review Letters, 2003, 91(25): 250801.

[129] Auzinsh M, Budker D, Kimball D F, et al. Can a quantum nondemolition measurement improve the sensitivity of an atomic magnetometer. Physical Review Letters, 2004, 93(17): 173002.

[130] Geremia J M, Stockton J K, Mabuchi H. Suppression of spin projection noise in broadband atomic magnetometry. Physical Review Letters, 2005, 94(20): 203002.

[131] Kominis I K. Sub-shot-noise magnetometry with a correlated spin-relaxation dominated alkali-metal vapor. Physical Review Letters, 2008, 100(7): 073002.

[132] Chase B A, Baragiola B Q, Partner H L, et al. Magnetometry via a double-pass continuous quantum measurement of atomic spin. Physical Review A, 2009, 79(6): 062107.

[133] Shah V, Vasilakis G, Romalis M V. High bandwidth atomic magnetometery with continuous quantum nondemolition measurements. Physical Review Letters, 2010, 104(4): 013601.

[134] Wasilewski W, Jensen K, Krauter H, et al. Quantum noise limited and entanglement-assisted magnetometry. Physical Review Letters, 2010, 104(13): 133601.

[135] Wolfgramm F, Cere A, Beduini F A, et al. Squeezed-light optical magnetometry. Physical Review Letters, 2010, 105(5): 053601.

[136] Sewell R J, Koschorreck M, Napolitano M, et al. Magnetic sensitivity beyond the projection noise limit by spin squeezing. Physical Review Letters, 2012, 109(25): 253605.

[137] Koschorreck M, Napolitano M, Dubost B, et al. Sub-projection-noise sensitivity in broadband atomic magnetometry. Physical Review Letters, 2010, 104(9): 093602.

[138] Seltzer S J, Romalis M V. Unshielded three-axis vector operation of a spin-exchange-relaxation-free atomic magnetometer. Applied Physics Letters, 2004, 85(20): 4804-4806.

[139] Smullin S J, Savukov I M, Vasilakis G, et al. Low-noise high-density alkali-metal scalar magnetometer. Physical Review A, 2009, 80(3): 033420.

[140] Li S, Vachaspati P, Sheng D, et al. Optical rotation in excess of 100 rad generated by Rb vapor in a multipass cell. Physical Review A, 2011, 84(6): 061403.

[141] Sheng D, Li S, Dural N, et al. Sub-femtotesla scalar atomic magnetometer using multipass cells. Physical Review Letters, 2013, 110(16): 160802.

[142] Ijsselsteijn R, Kielpinski M, Woetzel S, et al. A full optically operated magnetometer array: an experimental study. Review of Scientific Instruments, 2012, 83(11): 113106.

[143] Shah V, Romalis M V. Spin-exchange relaxation-free magnetometry using elliptically polarized light. Physical Review A, 2009, 80(1): 013416.

[144] Johnson C, Schwindt P D D, Weisend M. Magnetoencephalography with a two-color pump-probe, fiber-coupled atomic magnetometer. Applied Physics Letters, 2010, 97(24): 243703.

[145] Johnson C, Schwindt P D D. A two-color pump probe atomic magnetometer for magnetoencephalography. Proceedings of Frequency Control Symposium, IEEE, 2010: 371-375.

[146] Slepkov A D, Bhagwat A R, Venkataraman V, et al. Generation of large alkali vapor densities inside bare hollow-core photonic band-gap fibers. Optics Express, 2008, 16(23): 18976-18983.

[147] Light P S, Benabid F, Couny F, et al. Electromagnetically induced transparency in Rb-filled coated hollow-core photonic crystal fiber. Optics Letters, 2007, 32(10): 1323-1325.

[148] Ironside C N, Seunarine K, Tandoi G, et al. Prospects for atomic magnetometers employing hollow core optical fibre. Proceedings of SPIE, 1899: 84140V.

[149] Liew L A, Knappe S, Moreland J, et al. Microfabricated alkali atom vapor cells. Applied Physics Letters, 2004, 84(14): 2694-2696.

[150] Schwindt P D D, Knappe S, Shah V, et al. Chip-scale atomic magnetometer. Applied Physics Letters, 2004, 85(26): 6409-6411.

[151] Schwindt P D D, Lindseth B, Knappe S, et al. Chip-scale atomic magnetometer with improved sensitivity by use of the M_x technique. Applied Physics Letters, 2007, 90(8): 081102.

[152] Preusser J, Gerginov V, Knappe S, et al. A microfabricated photonic magnetometer. Proceedings of IEEE Sensors, 2008: 344-346.

[153] Preusser J, Knappe S, Kitching J, et al. A microfabricated photonic magnetometer. Proceedings of IEEE International Frequency Control Symposium Joint with the 22nd European Frequency and Time Forum, 2009: 1180-1182.

[154] Griffith W C, Jimenez-Martinez R, Shah V, et al. Miniature atomic magnetometer integrated with flux concentrators. Applied Physics Letters, 2009, 94(2): 023502.

[155] Griffith W C, Knappe S, Kitching J. Femtotesla atomic magnetometry in a microfabricated vapor cell. Optics Express, 2010, 18(26): 27167-27172.

[156] Wyllie R, Kauer M, Smetana G S, et al. Magnetocardiography with a modular spin-exchange relaxation-free atomic magnetometer array. Physics in Medicine and Biology, 2012, 57(9): 2619.

[157] Bison G, Schläpfer U, Di Domenico G, et al. A new optical magnetometer for MCG measurements in a low-cost shielding room. International Congress Series, 2007, 1300: 561-564.

[158] Bison G, Wynands R, Weis A. Dynamical mapping of the human cardiomagnetic field with a room-temperature, laser-optical sensor. Optics Express, 2003, 11(8):904-909.

[159] Sander T H, Preusser J, Mhaskar R, et al. Magnetoencephalography with a chip-scale atomic magnetometer. Biomedical Optics Express, 2012, 3(5): 981-990.

[160] Xia H, Ben-Amar B A, Hoffman D, et al. Magnetoencephalography with an atomic magnetometer. Applied Physics Letters, 2006, 89(21): 211104.

[161] Baranga A B A, Hoffman D, Xia H, et al. An atomic magnetometer for brain activity imaging. Proceedings of Real Time Conference, IEEE, 2005: 417-418.

[162] Xia H, Ben-Amar B A, Hoffman D, et al. Detection of auditory evoked responses with atomic magnetometer. International Congress Series. Elsevier, 2007, 1300: 627-630.

[163] Savukov I M, Romalis M V. NMR detection with an atomic magnetometer. Physical Review Letters, 2005, 94(12): 123001.

[164] Savukov I M, Seltzer S J, Romalis M V. Detection of NMR signals with a radio-frequency atomic magnetometer. Journal of Magnetic Resonance, 2007, 185(2): 214-220.

[165] Garcia N C, Yu D, Yao L, et al. Optical atomic magnetometer at body temperature for magnetic particle imaging and nuclear magnetic resonance. Optics Letters, 2010, 35(5): 661-663.

[166] Stupic K F, Ainslie M, Boss M A, et al. A standard system phantom for magnetic resonance imaging. Magnetic Resonance in Medicine, 2021, 86(3):1194-1211.

[167] Savukov I M, Zotev V S, Volegov P L, et al. MRI with an atomic magnetometer suitable for practical imaging applications. Journal of Magnetic Resonance, 2009, 199(2): 188-191.

[168] Romalis M V, Dang H B. Atomic magnetometers for materials characterization. Materials Today, 2011, 14(6): 258-262.

[169] Li J D, Quan W, Zhou B Q, et al. SERF atomic magnetometer-recent advances and applications: a review. IEEE Sensors Journal, 2018, 18(20):8198-8207.

第3章　铯原子磁力仪的理论基础

原子磁力仪是通过测量原子自旋的极化矢量在外磁场中的拉莫尔进动频率来反映磁场大小的。由于碱金属原子最外层只有一个未配对的电子，其原子的总自旋等于核自旋和价电子自旋的矢量和，最外层单电子的自旋很容易通过光泵浦等方式操控，因此，原子磁力仪大多选择碱金属原子作为工作物质。通常的原子磁力仪都采用射频场调制和光强直接检测的方案，或者在高温下，将检测光锁定在远离原子共振线处，通过检测介质的双折射效应来探测磁场大小。

3.1　铯金属原子

碱金属元素因其最外电子层只有一个电子，容易操控，因而被选用为原子磁力仪中的工作物质，这类原子的能级可以只考虑价电子和原子核，而忽略内层电子的影响。相对于其他碱金属原子，铯的饱和蒸气压高，在同样的温度下蒸气粒子数密度更高。并且天然铯没有同位素，丰度为100%，不需要分离提纯。对应铯原子共振线的894nm和852nm半导体激光二极管工艺成熟，在实际应用中使用方便。本节以铯原子为例来说明碱金属原子的性质。

碱金属原子中铯（Cesium，元素符号Cs）的原子序数是55，原子量约132.91，其核外电子排布如图3.1所示。纯净的Cs熔点较低，仅为28.44℃，固态时呈现金黄色，沸点为669.3℃。

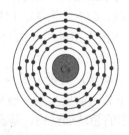

图 3.1　铯原子电子层排布

[133]Cs 的基态和第一激发态能级结构如图 3.2 所示[1]。电子围绕原子核做轨道运动的同时，本身也存在自旋运动，其自旋量子数 $S=1/2$。基态 s 层的轨道角动量量子数 $L=0$，因此基态总的电子角动量量子数 $J=L+S=1/2$,按照标准光谱符号记法，

铯原子基态记为 $6^2S_{1/2}$，左上标为 $2S+1$，右下标为 J；第一激发态 p 层的轨道角动
量量子数 $L=1$，由于轨道与自旋角动量耦合（称为 LS 耦合）在精细结构中分裂
$6^2P_{1/2}$ 和 $6^2P_{3/2}$ 两个能级的双重结构，它们激发态能级的总角动量为 $J=1/2$ 和 $J=3/2$，
这是由于电子自旋取向的不同决定了 S 值的正负之分。

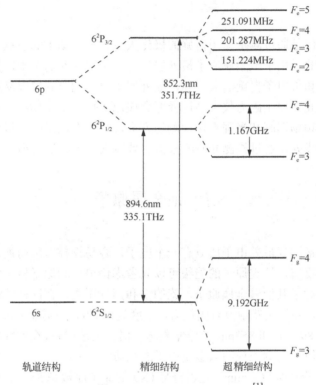

图 3.2 ^{133}Cs 基态和第一激发态能级图[1]

    铯原子主线系的第一条线为双线结构，原子从基态能级 $6^2S_{1/2}$ 到激发态能级
$6^2P_{1/2}$ 跃迁产生的谱线称为 D1 线，频率约为 335.1THz（1THz=10^{12}Hz），对应波长
为 894.6nm；从基态能级 $6^2S_{1/2}$ 到激发态能级 $6^2P_{3/2}$ 原子跃迁产生谱线称为 D2 线，
频率约为 351.7THz，对应波长为 852.3nm。

    考虑碱金属元素的核自旋角动量，其量子数为 I，对于铯原子 $I=7/2$，则原子
的总角动量量子数 $F=I+J$。电子总角动量与原子核角动量的耦合（称为 JI 耦合）
使原子能级分裂为如图 3.2 所示的超精细结构。基态能级 $6^2S_{1/2}$ 分裂成 $F_g=I\pm1/2$，
即 $F_g=3$ 和 $F_g=4$ 两个超精细能级，两能级间距为 9.192GHz，激发态能级 $6^2P_{1/2}$ 分
裂成 $F_e=I\pm1/2$ 两个超精细能级，而 $6^2P_{3/2}$ 分裂成 $F_e=I-3/2, I-1/2, I+1/2, I+3/2$ 四个
超精细能级。

3.2　外磁场中的铯原子

3.2.1　塞曼效应

荷兰物理学家塞曼在 1896 年发现处于磁场中的光源,发出的每一条谱线分裂成了几条谱线[2]。随后大量的研究表明,很多处于磁场中的原子产生的谱线都会发生类似分裂,后来这种现象被称为塞曼效应。铯原子的每一个超精细结构 F,都具有对应的 $2F+1$ 个塞曼子能级,用磁量子数 m_F 来表示,当原子不受外磁场影响时,这些塞曼子能级呈简并态,而原子处于外磁场中时,简并解除。图 3.3 为 ^{133}Cs 基态超精细能级的塞曼分裂。

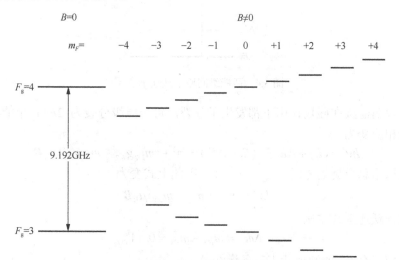

图 3.3　^{133}Cs 基态超精细能级的塞曼分裂

能级的分裂代表了能量差的变化,假设磁场方向为 y,则磁矩为 $\boldsymbol{\mu}$ 的体系在磁场 $\boldsymbol{B}$ 中的势能为

$$U = -\boldsymbol{\mu} \cdot \boldsymbol{B} = -\mu_y B \tag{3.1}$$

原子总磁矩为

$$\mu_y = -m_F g_F \mu_B \tag{3.2}$$

式中,μ_y 是 $\boldsymbol{\mu}$ 在磁场方向上的投影;m_F 是角动量 F 在磁场方向投影量子数;g_F 和 μ_B 分别为朗德因子和玻尔磁子。将式(3.2)代入式(3.1)得出磁场中原子的势能:

$$U = m_F g_F \mu_B \boldsymbol{B} \tag{3.3}$$

如图 3.4 所示，当磁场为零时，原子在两能级 E_1 和 E_2（$E_1 < E_2$）之间的跃迁能量为

$$hv = E_2 - E_1 \tag{3.4}$$

式中，h 是普朗克常数；v 为发射光子频率。当磁场不为零时，两能级能量的附加量分别为

$$\Delta E_1 = m_{F1}g_{F1}\mu_B \boldsymbol{B}$$
$$\Delta E_2 = m_{F2}g_{F2}\mu_B \boldsymbol{B} \tag{3.5}$$

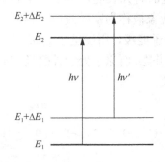

图 3.4　两能级间原子跃迁示意图

这说明能级在磁场作用下都发生了分裂，每一能级分裂为 $2F+1$ 个能级，跃迁能量相应变为

$$hv' = (E_2 + \Delta E_2) - (E_1 + \Delta E_1) = hv + (m_{F2}g_{F2} - m_{F1}g_{F1})\mu_B \boldsymbol{B} \tag{3.6}$$

当原子总自旋为零时，$g_{F1} = g_{F2} = 1$，因此上式变为

$$hv' = hv + (m_{F2} - m_{F1})\mu_B \boldsymbol{B} \tag{3.7}$$

根据跃迁选择定则

$$\Delta m_F = m_{F2} - m_{F1} = 0, \pm 1 \tag{3.8}$$

对应三个 hv' 的数值代表三条谱线：

$$hv' = hv + \begin{pmatrix} \mu_B \boldsymbol{B} \\ 0 \\ -\mu_B \boldsymbol{B} \end{pmatrix} \tag{3.9}$$

这种在外磁场作用下，谱线一分为三，且彼此间隔均为 $\mu_B \boldsymbol{B}$ 的现象，被称为正常塞曼效应。而与之相反，体系总自旋不为零的原子，其光谱分裂条数大于三，且彼此间隔不等，被称为反常塞曼效应。

各个塞曼子能级之间的原子跃迁应服从塞曼跃迁选择定则，即 $\Delta m_F = 0$，产生线偏振光，π 线；$\Delta m_F = +1$，产生左旋圆偏振光，σ^+ 线；$\Delta m_F = -1$，产生右旋圆偏振光，σ^- 线。

3.2.2　拉莫尔进动

原子磁矩在均匀外磁场中不受力，但会受到力矩作用，使磁矩以一定的角频率绕着磁场进动，此即拉莫尔进动现象。原子磁力仪即是通过测量拉莫尔进动频率来反映外磁场大小的。由于电子的质量比原子核的质量至少要小三个数量级，而磁矩与质量成反比，因此，相比起电子磁矩而言，原子核的磁矩可以忽略不计[3]。

如图 3.5 所示，在外磁场 $\boldsymbol{B}$ 的作用下，原子磁矩 $\boldsymbol{\mu}$ 受到力矩的作用，磁场对 $\boldsymbol{\mu}$ 的力矩为

$$\boldsymbol{M} = \boldsymbol{\mu} \times \boldsymbol{B} \tag{3.10}$$

此式表明在力矩的作用下，磁矩会绕磁场方向旋进。由于电子带负电荷，其运动方向与电流方向相反，因此角动量的方向与磁矩的方向相反。磁矩的旋进会使角动量也绕磁场方向旋进，从而引起角动量的改变。角动量 $\boldsymbol{L}$ 随时间的变化率等于力矩，其改变的方向沿力矩方向，即

$$\frac{\mathrm{d}\boldsymbol{L}}{\mathrm{d}t} = \boldsymbol{M} \tag{3.11}$$

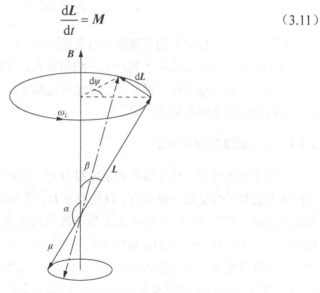

图 3.5　原子磁矩在磁场中的拉莫尔进动

假设在 $\mathrm{d}t$ 时间内，角动量旋进的角度为 $\mathrm{d}\psi$，角动量与磁场方向的夹角为 β，则角动量的改变量为

$$\mathrm{d}L = L\sin\beta \cdot \mathrm{d}\psi \tag{3.12}$$

式中，L 为角动量 $\boldsymbol{L}$ 的大小，其随时间的变化量为

$$\frac{\mathrm{d}L}{\mathrm{d}t} = L\sin\beta\frac{\mathrm{d}\psi}{\mathrm{d}t} = L\sin\beta\cdot\omega_L \tag{3.13}$$

式中，$\omega_L = \mathrm{d}\psi/\mathrm{d}t$ 为原子磁矩（或角动量）绕磁场旋进的角速度，称为拉莫尔进动频率。设磁矩与磁场方向的夹角为 α，则由式（3.10）可得力矩 $\boldsymbol{M}$ 的大小为

$$M = \mu B\sin\alpha \tag{3.14}$$

由式（3.11）可知，角动量随时间的改变与力矩相等，即有

$$L\sin\beta\cdot\omega_L = \mu B\sin\alpha \tag{3.15}$$

由于磁矩方向与角动量方向反向，因此有 $\alpha=\pi-\beta$，可得

$$\omega_L - \frac{\mu}{L}B = \gamma B \tag{3.16}$$

式中，γ 为旋磁比。

3.3　激光泵浦与原子极化过程

光泵浦技术是最常用的实现原子自旋极化的手段。在铯原子磁力仪中，系统中采用 D1 线泵浦使基态粒子数产生不均匀分布，实现原子自旋的极化。由于缓冲气体较少，超精细结构可以分辨，因此在铯原子磁力仪的极化过程中，需要考虑在超精细结构下的光泵浦作用。

3.3.1　激光泵浦的理论模型

在热平衡条件下，原子服从玻尔兹曼分布，极化率非常低，可以认为各塞曼子能级上的粒子数是均匀分布的。以铯原子 D1 线为例，如图 3.6 所示，在没有光泵浦作用时，基态 $F_g=3$ 和 $F_e=4$ 上的粒子数均匀分布，没有极化效果。当有一束频率为 D1 线 $F_g=3 \rightarrow F_e=4$ 的左旋圆偏振光与铯原子作用时，根据跃迁选择定则，对于左旋圆偏振光只有满足 $\Delta m=+1$ 的两个塞曼子能级间可以产生跃迁，因此基态 $F_g=3$ 的粒子数会被泵浦至激发态 $F_e=4$ 上磁量子数高的能级上。由于激发态不稳定，粒子会通过自发辐射回落到基态 $F_g=3$ 和 $F_g=4$ 符合 $\Delta m=0, \pm1$ 的塞曼子能级上。回落到基态 $F_g=3$ 上的粒子会由于光泵浦作用继续被泵浦至磁量子数高的能级上。对于 D1 线 $F_g=3 \rightarrow F_e=4$ 线泵浦，最终 $F_g=3$ 上的粒子数会被抽空，全被泵浦至 $F_g=4$ 线上，并且在 $|F_g=4, m_e=4>$ 塞曼子能级上的粒子数最多，使 $F_g=4$ 态上的粒子数分布不均匀，实现原子自旋的极化。

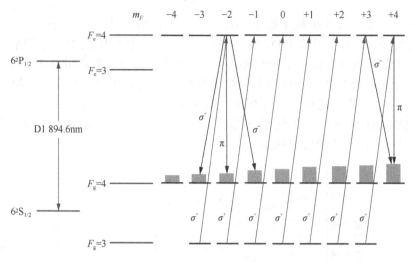

图 3.6 铯原子 D1 线左旋圆偏振光泵浦过程

为了定量地研究粒子数的分布规律，系统中采用速率方程来描述原子各能级上的粒子随泵浦时间的演化关系

$$\frac{dP_{F_g}^{m_g}}{dt} = -\frac{\Gamma}{2}\frac{I_{pu}}{I_{sat}} \cdot \sum_{F_e=F_g-1}^{F_g+1} R_{F_g,m_g}^{F_e,m_g+1} \cdot \frac{P_{F_g}^{m_g} - P_{F_e}^{m_g+1}}{1+4(\nu-\nu_0)^2/\Gamma^2} + \Gamma \cdot \sum_{m_e=m_g-1}^{m_g+1}\sum_{F_e=F_g-1}^{F_g+1} R_{F_g,m_g}^{F_e,m_e} \cdot P_{F_e}^{m_e} \quad (3.17)$$

$$\frac{dP_{F_e}^{m_e}}{dt} = \frac{\Gamma}{2}\frac{I_{pu}}{I_{sat}} \cdot \sum_{F_g=F_e-1}^{F_e+1} R_{F_g,m_e-1}^{F_e,m_e} \cdot \frac{P_{F_g}^{m_e-1} - P_{F_e}^{m_e}}{1+4(\nu-\nu_0)^2/\Gamma^2} - \Gamma \cdot \sum_{m_g=m_e-1}^{m_e+1}\sum_{F_g=F_e-1}^{F_e+1} R_{F_g,m_g}^{F_e,m_e} \cdot P_{F_e}^{m_e} \quad (3.18)$$

式中，$P_{F_g}^{m_g}$ 和 $P_{F_e}^{m_e}$ 分别为基态和激发态各塞曼子能级上的粒子数；I_{pu} 为泵浦光强；ν 为激光频率；ν_0 为原子能级跃迁的中心频率；Γ 为共振线宽；I_{sat} 为饱和光强；$R_{F_g,m_g}^{F_e,m_e}$ 为归一化谱线强度。根据 Rabi 频率 Ω，可以计算出泵浦光强和饱和光强的关系式为

$$I_{pu}/I_{sat} = 2\Omega^2/\Gamma^2 \quad (3.19)$$

$R_{F_g,m_g}^{F_e,m_e}$ 的表达式为

$$R_{F_g,m_g}^{F_e,m_e} = (2L_e+1)(2J_e+1)(2J_g+1)(2F_e+1)(2F_g+1)$$

$$\times \left[\begin{pmatrix} L_e & J_e & S \\ J_g & L_g & 1 \end{pmatrix} \begin{pmatrix} J_e & F_e & I \\ F_g & J_g & 1 \end{pmatrix} \begin{pmatrix} F_g & 1 & F_e \\ m_g & 1 & -m_e \end{pmatrix} \right]^2 \quad (3.20)$$

其中，L、S 和 I 分别为电子轨道角动量、电子自旋角动量和原子核自旋角动量量子数；$J=L+S$ 为电子的总角动量量子数；$F=I+J$ 为原子的总角动量量子数。

3.3.2 铯原子 D1 线泵浦时的粒子数分布

对于本书的铯原子磁力仪而言，由于采用的检测光对应 D2 线，即 $F_g=4 \rightarrow F_e=5$

线，因此基态 F_g=4 态的粒子数分布的不均匀程度决定了极化的大小。根据上节所述理论模型，计算了铯原子 D1 线 F_g=3→F_e=4 的左旋圆偏振光泵浦下的基态和激发态粒子数的演化过程。在初始状态下，设基态上的粒子数总和为 1，由于粒子数均匀分布，每个塞曼子能级上的粒子数均为 1/16，则 F_g=3 态上总粒子数为 7/16，则 F_g=4 态上总粒子数为 9/16。当打开泵浦光时，F_g=3 态上的粒子不断被抽运到激发态 F_e=4 上。当达到稳态时，F_g=3 态上各塞曼子能级上的粒子数趋于零，能级被抽空，如图 3.7 所示。

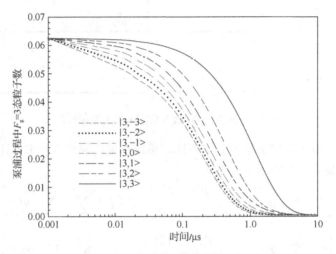

图 3.7　F_g=3 态塞曼子能级粒子数分布

　　由于光泵浦作用，基态上的粒子数不断被抽运到激发态上。如图 3.8 所示，开始一段时间，激发态 F_e=4 上的粒子数不断增加。但由于激发态能级不稳定，原子会通过自发辐射回落到基态上。因此激发态的粒子数经历了先增加后减小的过程。自发辐射遵守跃迁选择定则，会有一部分回落到基态 F_g=4 上，还有一部分回落到基态 F_g=3 上。回落到 F_g=3 上的粒子会被持续的光泵浦重新激发到激发态，依此循环，最终粒子数全部转移到 F_g=4 上。由于跃迁选择定则，当 D1 线 F_g=3→F_e=4 的左旋圆偏振光泵浦时，基态到激发态$|F_e$=4, m_F=-4>和$|F_e$=4, m_F=-3>两个能级间不能产生跃迁，因此这两个塞曼子能级上的粒子数始终为零。随着泵浦时间的增加，基态 F_g=3 上的粒子数不断减少，激发态上的粒子数也不断减少。达到稳态时，基态 F_g=3 和激发态上的粒子数都为零。

　　图 3.9 为基态 F_g=4 上各塞曼子能级的粒子数分布。基态 F_g=4 上的粒子数分布是由两部分组成的，一部分是本身均匀分布的粒子数，各塞曼子能级上开始时均为 1/16。另一部分是通过激发态的自发辐射不断回落的粒子数。对于$|F_g$=4, m_F=-4>态，由于没有符合跃迁选择定则的跃迁，因此此塞曼子能级上的粒子数始终为初始值 1/16。由于左旋泵浦会使基态 F_g=3 上的粒子数不断地往磁量子数高的能级累积，因此自发辐射回落到基态 F_g=4 态上的粒子数在磁量子数高的子能级上

也多。从图中可以看出，当打开泵浦光后，$F_g=4$ 态上的粒子数迅速增加。在约 $1\mu s$ 的时间，粒子数分布达到稳态。$|F_g=4, m_F=4>$ 态的粒子数最多，约为 0.16；$|F_g=4, m_F=-4>$ 态的粒子数最少，约为 0.06。

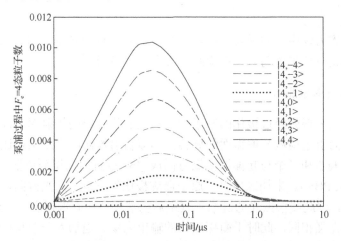

图 3.8 $F_e=4$ 态塞曼子能级粒子数分布

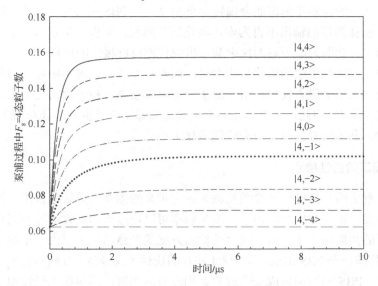

图 3.9 $F_g=4$ 态塞曼子能级粒子数分布

图 3.9 中 $F_g=4$ 态的粒子数分布图即是根据此计算结果按比例给出的，从中可以明显看出，各塞曼子能级上的粒子数从初始状态的均匀分布变成了不均匀分布。即通过光泵浦作用，实现了原子的极化。由于粒子数分布不均匀，线偏振光在经过极化的原子气室后，左右旋分量的折射或吸收不一样，由此造成了检测光偏振面的旋转或者椭圆率的变化。

3.4　原子自旋极化的光学检测

在原子磁力仪中，通常采用泵浦光与检测光垂直的光路结构。原子的自旋磁矩在绕磁场做拉莫尔进动后，在检测光方向产生投影。

3.4.1　圆双折射检测

当一束线偏振光经过极化的原子后，对左右旋分量的折射率不同，即圆双折射效应，从而引起检测光偏振面的旋转。圆双折射检测的光路结构比较简单，只需要一个起偏器和一个与起偏器偏振方向成 45° 放置的偏振分束器（polarization beam splitter, PBS）。未加磁场时，原子自旋极化矢量沿泵浦光方向，在检测光方向没有投影，因此线偏振光通过原子气室后仍然保持原有偏振态，经过 PBS 分束后的两束光光强相同，此时平衡探测器的输出为零。当加入一个与检测光和泵浦光方向垂直的磁场时，原子极化矢量由于拉莫尔进动在检测光方向有投影，此时通过原子气室的检测光偏振面会偏转一个角度，与 PBS 的夹角不再为 45°，因此 PBS 后平衡探测器的输出不再为零。极化信号越强，则偏转角越大，平衡探测器的输出越大。此即为原子磁力仪中圆双折射检测自旋极化的过程。

当激光频率处于原子的共振线上时，圆双折射效应表现不明显。另外，在无自旋交换弛豫原子磁力仪中，由于原子气室温度很高，粒子数密度很大，对共振光的吸收非常大。因此通常将激光频率调到远离原子的共振频率处（一般为 300～600MHz），利用圆双折射效应来检测极化大小。

3.4.2　圆二向色性检测

为了避免圆双折射检测给激光频率锁定带来的困难，系统中采用了圆二向色性检测方案。在这种检测结构下，激光频率可以通过饱和吸收谱等方式很容易锁定到原子的共振频率处。圆二向色性检测方案的光路结构主要由一个起偏器、一个 λ/4 波片和一个 PBS 组成，其中 λ/4 波片的快轴（或慢轴）方向与起偏器的偏振方向平行，PBS 与起偏器成 45° 放置。当没有磁场时，线偏振光经过原子气室后偏振态不变，经过快轴方向与起偏方向平行的 λ/4 波片后，仍然为线偏振光，经过 45° 放置的 PBS 后，PBS 分出的两束光光强相同，平衡探测器输出为零。当有磁场时，检测光方向有极化投影，经过原子气室后的线偏振光变成了椭圆偏振光。经过 λ/4 波片后，椭圆光变成了线偏振光，并且偏振方向与 PBS 不再成 45° 角，因此平衡探测器输出不为零。极化越强，椭圆率变化越大，λ/4 波片后变成的线偏振光的偏转角越大，平衡探测器的输出也越大。

以频率为 ω 的线偏振检测光为例，详细分析一下圆二向色性的检测过程。线偏振光可以分解为振幅相等的 σ^+ 和 σ^- 光，振幅为 E_0。两束光在垂直分量上的振幅 E_x 和 E_y 可以分别表示为

$$\sigma^+ \text{光}: \begin{cases} E_x = E_0 \cos(\omega t) \\ E_y = E_0 \cos(\omega t - \pi/2) \end{cases} \tag{3.21}$$

$$\sigma^- \text{光}: \begin{cases} E_x = E_0 \cos(\omega t) \\ E_y = E_0 \cos(\omega t + \pi/2) \end{cases} \tag{3.22}$$

由于检测光频率与铯原子 D2 线跃迁频率共振，因此原子介质对入射光的吸收很强，可以忽略介质的圆双折射效应。介质的圆二向色性使得气室内原子对检测光的左右旋分量的吸收程度不同，导致 σ^+ 和 σ^- 光的振幅不再相等。

$$\sigma^+ \text{光}: \begin{cases} E_x = E_0' \cos(\omega t) \\ E_y = E_0' \cos(\omega t - \pi/2) \end{cases} \tag{3.23}$$

$$\sigma^- \text{光}: \begin{cases} E_x = E_0'' \cos(\omega t) \\ E_y = E_0'' \cos(\omega t + \pi/2) \end{cases} \tag{3.24}$$

原子气室后的出射光可看作是 σ^+ 和 σ^- 光的合成，出射光在垂直分量上的振幅表示形式为

$$\begin{cases} E_x = (E_0' + E_0'') \cos(\omega t) \\ E_y = (E_0' - E_0'') \cos(\omega t - \pi/2) \end{cases} \tag{3.25}$$

由此可见，在经过极化的原子气室后，检测光的偏振态由最初的线偏振变成了椭圆偏振。为检测其椭圆度，系统中在出射光方向加一个 $\lambda/4$ 波片，使出射光相位改变 $\pi/2$，重新变为线偏振光。

$$\begin{cases} E_x = (E_0' + E_0'') \cos(\omega t) \\ E_y = (E_0' - E_0'') \cos(\omega t) \end{cases} \tag{3.26}$$

此时的线偏振光偏振态相对于进入原子气室之前的线偏振光而言，其偏振面旋转角度为

$$\theta = \arctan \frac{E_0' - E_0''}{E_0' + E_0''} \tag{3.27}$$

为了检测偏转角的大小，在 $\lambda/4$ 波片后加入 PBS，其方向与起偏器成 45°。利用平衡探测器检测 PBS 分出的两束光的强度，即分光束检测法。没有磁场时 $\lambda/4$ 波片后线偏振光相对于初始偏振光而言偏转角为零，PBS 后分出的两束光的光强相同，平衡探测器输出为零。有磁场时，偏振面旋转了 θ 角，平衡探测器检测到的光强为

$$\begin{cases} I_x = I_0 \cos^2(\dfrac{\pi}{4} - \theta) = \dfrac{I_0}{2}[1 + \sin(2\theta)] \\ I_y = I_0 \cos^2(\dfrac{\pi}{4} + \theta) = \dfrac{I_0}{2}[1 - \sin(2\theta)] \end{cases} \quad (3.28)$$

式中，$I_0 = I_x + I_y$，I_x 和 I_y 分别为 x、y 方向偏振光的光强。由于旋转角 $\theta < 3.5°$，将平衡探测器探测到的两束光强做差除和处理得

$$\frac{I_x - I_y}{I_x + I_y} = \sin(2\theta) \approx 2\theta \quad (3.29)$$

即

$$\theta \approx \frac{1}{2} \cdot \frac{I_x - I_y}{I_x + I_y} \quad (3.30)$$

3.5　极化铯原子的弛豫

在原子自旋极化矢量绕磁场做拉莫尔进动的过程中，碱金属原子相互之间的碰撞，以及原子与气壁间的碰撞等都会使基态各塞曼子能级上的粒子数重新趋于均匀分布，导致原子产生去极化现象，这些引起原子去极化的机制称为自旋弛豫。为减少原子碰撞导致的去极化，通常采用的方法是在原子气室内充入一定量的缓冲气体，另一种方法是在气室内壁涂上均匀的石蜡涂层，使极化的原子与石蜡表面碰撞，也可以有效避免原子的去极化。但是石蜡的熔点为 60~80℃，在气室温度较高时不再适用。

当原子被极化时，被泵浦至激发态的原子会自发辐射出偏振态随机的荧光，基态各塞曼子能级上的原子会吸收荧光，从而使基态粒子数重新分布，降低极化效果[4]。通常，利用惰性气体 N_2 来达到猝灭荧光的作用[5]。然而，He 和 N_2 的存在除了能防止去极化的同时，也会引起由于碱金属原子和缓冲气体的碰撞而导致自旋破坏碰撞弛豫。

原子气室中的弛豫效应可以分为纵向弛豫和横向弛豫。

纵向弛豫时间 T_1 为

$$\frac{1}{T_1} = \frac{1}{q(P)}(R_{sd} + R_{op} + R_{pr}) + R_{wall} \quad (3.31)$$

式中，$q(P)$ 是与原子极化 P 有关的量；R_{sd} 是原子相互之间以及原子与缓冲气体间碰撞引起的自旋破坏速率；R_{op} 是泵浦光引起的弛豫速率；R_{pr} 是检测光引起的弛

豫速率；R_{wall} 是原子与气壁碰撞的弛豫速率。

横向弛豫时间 T_2 为

$$\frac{1}{T_2} = \frac{1}{T_1} + \frac{1}{q_{se}} R_{se} + R_{gr} \tag{3.32}$$

式中，R_{se} 是自旋交换弛豫速率；R_{gr} 是磁场梯度引起的弛豫速率；q_{se} 是自旋交换增宽因子，当磁场为零时，$1/q_{se}$ 趋近于零，原子自旋极化寿命不受自旋交换弛豫的影响。

3.5.1　自旋交换碰撞弛豫

碱金属原子相互之间产生自旋交换碰撞的结果不会影响碰撞原子的核自旋，但会在保持总电子自旋指向不变的前提下，使原子在各塞曼子能级上的布局数发生改变，破坏原子的自旋相干性。自旋交换碰撞机制是在所有自旋弛豫机制中占主要地位，自旋交换弛豫速率表示为[6]

$$R_{se} = \omega_L^2 \frac{1}{\Gamma_{se}} \frac{q(P)^2 - (2I+1)^2}{2} \tag{3.33}$$

式中，ω_L 是原子自旋在磁场 B 中的拉莫尔进动频率；$q(P)$ 是与原子极化 P 有关的量，代表电子自旋被弛豫机制破坏后，总的原子自旋相干性的保持程度，

$$q(P) = \frac{2(P^6 + 17P^4 + 35P^2 + 11)}{P^6 + 7P^4 + 7P^2 + 1} \tag{3.34}$$

在低极化程度下 $P=0$ 时，$q(P)=22$；完全极化时，$P=1$，$q(P)=8$。Γ_{se} 代表原子自旋交换速率，

$$\Gamma_{se} = n\sigma_{se}\overline{v} \tag{3.35}$$

式中，σ_{se} 为原子的自旋交换截面，对于铯原子，$\sigma_{se}=2\times10^{-14}cm^2$；原子数密度 n 和平均热速度 $\overline{v}$ 都是与温度 T（单位为 K）有关的量：

$$n = \frac{1}{T} 10^{21.866 + A - B/T} \tag{3.36}$$

$$\overline{v} = \sqrt{\frac{8k_B T}{\pi m}} \tag{3.37}$$

其中，当铯原子为固态时，参数 A 和 B 分别为 4.711 和 3999，当铯单质呈液态时，则为 4.165 和 3830；k_B 和 m 分别为玻尔兹曼常数及铯原子的质量。图 3.10 是铯原子数密度 n 随原子气室温度变化的关系，当温度为 40℃时，原子数密度约为 $3.0\times10^{11}cm^{-3}$。

从以上分析可知，当自旋交换速率远大于拉莫尔进动速率，即 $\Gamma_{se} \gg \omega_L$ 时，自

旋交换弛豫速率 R_{se} 很小，因此自旋交换引起的横向弛豫时间很长，此即无自旋交换弛豫机制。要使 Γ_{se} 增大，则需要高的粒子数密度。要使 ω_L 很小，则需要在很低的磁场条件下。因此无自旋交换弛豫原子磁力仪通常需要工作在高温和弱磁场下。

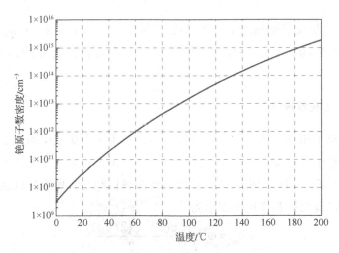

图 3.10　铯原子数密度与温度的关系

3.5.2　自旋破坏碰撞弛豫

在原子气室中，存在着多种碰撞机制引起原子的去极化。一般自旋破坏碰撞速率可表示为

$$R_{sd} = n\sigma_{sd}\overline{v} \tag{3.38}$$

式中，Cs-Cs、Cs-He 及 Cs-N$_2$ 的自旋破坏碰撞截面分别为 $\sigma_{sd}^{Cs} = 2\times10^{-16}$ cm^2、$\sigma_{sd}^{He} = 3\times10^{-23}$ cm^2 和 $\sigma_{sd}^{N_2} = 6\times10^{-22}$ cm^2 [7]，平均相对热运动速度 $\overline{v}$ 与式（3.37）形式一样，但此时的 m 不只代表铯原子的质量，而应修正为与相互碰撞的两种微粒的质量 m_1 和 m_2 的折合质量，即

$$\frac{1}{m} = \frac{1}{m_1} + \frac{1}{m_2} \tag{3.39}$$

给定 He 和 N$_2$ 气压 200torr 和 20torr①后，系统中分析了几种破坏碰撞弛豫机制随气室温度的变化情况，如图 3.11 和图 3.12 所示。从图中可以看出，当温度小于 80℃时，铯原子相互之间碰撞引起的弛豫速率 $R_{sd}^{Cs\text{-}Cs}$ 比 $R_{sd}^{Cs\text{-}He}$ 和 $R_{sd}^{Cs\text{-}N_2}$ 小，而当温度继续增大后，$R_{sd}^{Cs\text{-}Cs}$ 较 $R_{sd}^{Cs\text{-}He}$ 和 $R_{sd}^{Cs\text{-}N_2}$ 大了至少 1 个量级，在所有碰撞弛豫机制中占主要地位。

---

① 1torr=1mmHg（毫米汞柱）=133.32Pa。

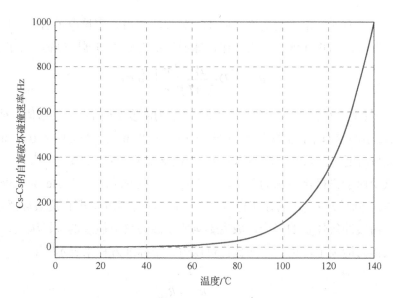

图 3.11　不同温度下 Cs-Cs 的自旋破坏碰撞速率

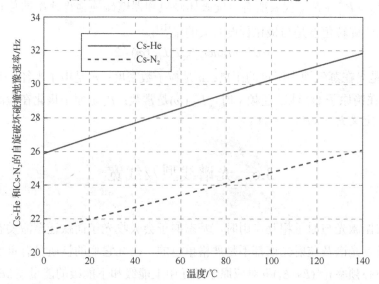

图 3.12　不同温度下 Cs-He 和 Cs-N_2 的自旋破坏碰撞弛豫速率

3.5.3　极化原子与器壁的碰撞弛豫

原子由于热运动还会与器壁发生碰撞，而器壁材质中的微粒，比如粒子和分子，产生的电磁场会干扰原子的自旋取向，使其完全随机化，从而导致原子被去极化。为使碱金属原子向器壁扩散的速率减缓，以减少去极化现象的发生，通常在原子气室内充入一定量的惰性气体 He 起缓冲作用。假设电子自旋与核自旋在原子与器壁碰撞的瞬间就完全去极化，球形气室内原子与器壁碰撞的弛豫速率为

$$R_{wall} = D \frac{P_0}{P_{He}(T)} \left(\frac{\pi}{r}\right)^2 q(P) \qquad (3.40)$$

式中，r 为气室半径；P_0 为标准大气压值；P_{He} 为温度 T 时 He 的气压值；对于在缓冲气体 He 中的铯原子，扩散常数 D 在 0℃时为 0.29cm²/s，26℃时为 0.37cm²/s，由扩散常数与温度的关系 $D \propto T^{3/2}$ 可以确定其他温度下的扩散常数值[8,9]。

为减少原子去极化现象的发生，通常将一定量的缓冲气体 He 充入碱金属原子气室内，然而缓冲气体的存在也带来了一定的负面影响，即自旋破坏碰撞现象，因此气室内缓冲气体量的多少，成为影响原子磁力仪灵敏度的关键因素之一。存在缓冲气体的情况下，铯原子的极化可以用一个标准方程来表示[10]：

$$P = \frac{R_{op}}{R_{op} + R_{rel}} \qquad (3.41)$$

式中，$R_{rel} = R_{sd}^{tot} + R_{wall}$ 代表所有自旋破坏碰撞和器壁碰撞弛豫速率的总和。检测光偏振面的旋转角度是与极化程度有关的量[11]：

$$\theta = -l\pi n c r_e f_{D2} P_x L_{D2}(\omega) / 2 \qquad (3.42)$$

式中，l 是光在蒸气池中经过的距离；n 是粒子数密度；r_e 是电子半径。当激光频率 ω 稳定在铯原子 D2 线跃迁频率时，$L_{D2}(\omega)$ 是常数；P_x 是原子极化在检测光方向的投影，定义 $P_x = \kappa P$，$\kappa < 1$。

3.6　光谱线型及线宽

当共振激光与原子相互作用时，基态原子会吸收光子而跃迁至激发态，由此产生的吸收光谱及透射光谱都不是严格单色的，研究它们的性质具有重要意义。谱线的中心频率 $\nu_0 = (E_2 - E_1)/h$ 对应原子跃迁中上能级和下能级的能量差 $\Delta E = E_2 - E_1$，即使在中心频率附近使用高精度的干涉仪，也能观测到光谱分布 $I(\nu)$（图 3.13）。图中的频率差 $\Gamma = \nu_2 - \nu_1$ 是谱线的半高全宽（full-width at half-maximum，FWHM），通常称为谱线的线宽。线宽之内的区域称为谱线的核（kernel of the line），线宽之外的区域称为谱线的翼（line wings）。

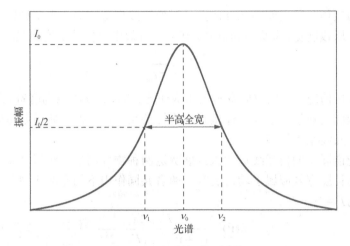

图 3.13　光谱线型示意图

3.6.1　自然线宽

当没有外界因素干扰时，受激原子并非永远处于激发态，它们会自发辐射回落到低能态上，因此激发态原子具有有限的寿命。此时原子谱线的宽度由激发态原子的寿命来决定，称为自然线宽，寿命越长，线宽越窄。处于 $^2\mathrm{P}_{1/2}$ 和 $^2\mathrm{P}_{3/2}$ 激发态的碱金属原子的自然寿命 τ_{nat} 为 25~35ns，其中铯原子两个激发态的自然寿命约为 34.8ns 和 30.4ns[12]。根据量子力学中的测不准原理：

$$\Delta E \Delta t \geqslant \hbar \tag{3.43}$$

时间 Δt 的不确定性即为原子的自然寿命 τ_{nat}，再由频率的不确定性：

$$\Delta \nu = \frac{\Delta E}{2\pi\hbar} \tag{3.44}$$

可以得出自然线宽：

$$\varGamma_{\mathrm{nat}} = \Delta \nu = \frac{\Delta E}{2\pi\hbar} = \frac{1}{2\pi\tau_{\mathrm{nat}}} \tag{3.45}$$

因此，对于碱金属原子的 D1 和 D2 线跃迁，自然线宽值仅为 4~6MHz，容易被其他展宽效应所掩盖，很难被观察到。反之，如果能够测得原子的自然线宽，便可以估计原子的能级寿命。

3.6.2　缓冲气体的压力增宽

原子间的相互碰撞，实际是指两个原子充分接近，形成临时的分子，又相互分开的过程。在充分接近时，能级将发生变化，如果原子某一对能级之间的跃迁频率为 ω_0，则当它们接近而又发生跃迁时，频率将发生移动，并且谱线展宽。在原子磁力仪的研制过程中，通常将一定量的缓冲气体充入碱金属原子气室中，碱金属原子与气体分子之间的相互碰撞是导致谱线展宽的另一重要原因，这种谱线增宽被称为压致展宽，又称碰撞展宽，其大小近似由碰撞的平均间隔时间Γ_{pr}决定：

$$\Gamma_{pr} \approx \frac{1}{\pi \tau_{pr}} \qquad (3.46)$$

在低气压情况下，压致展宽与气压成正比，即$\Delta \nu = \kappa P$，κ为展宽系数，P为气体压强。因此其数值大小与气体压强有直接关系，通常在千兆赫兹量级，可见压致展宽比自然线宽大得多。

引起光谱展宽的自然线宽和压致展宽这两种物理因素，对每个原子都是等同的，因此这种展宽效应属于均匀展宽。两者共同作用下的光谱线型服从洛伦兹分布，线宽为$\Gamma_L = \Gamma_{nat} + \Gamma_{pr}$：

$$L(\nu) = \frac{\Gamma_L / 2\pi}{(\nu - \nu_0)^2 + (\Gamma_L / 2)^2} \qquad (3.47)$$

式中，$\nu - \nu_0$代表激光频率的失谐。压致展宽效应导致原本无压致展宽效应时的洛伦兹线型发生频移并展宽，如图3.14所示，文献[3]中给出了常见惰性气体和淬灭气体引起的多种碱金属原子共振光谱的展宽及频移情况。

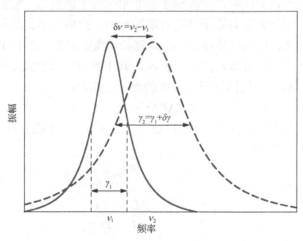

图3.14　碰撞导致的谱线移动和展宽[3]

在红外区，碰撞有时候会使谱线线宽压窄，而并非展宽，这种压窄效应被称为Dicke压窄[13]。当原子上能级的寿命大于碰撞的平均间隔时间时，弹性碰撞会改变运动粒子的速度，原子的平均速度分量就比无碰撞时小，因此多普勒移动相应较小。当多普勒宽度大于压致展宽时，若平均自由程小于原子跃迁的波长，这种效应便会使压致展宽的谱线变窄[14]。除此之外，如果与光吸收跃迁相关的原子能级寿命非常长，线宽就不再由寿命决定，而是由原子逃离光束的扩散时间决定。在原子气室中加入惰性气体可以减小原子的扩散速度，从而延长原子与激光的相互作用时间，从而减小线宽[15]，直到压致展宽超过这一压窄效应。

3.6.3　多普勒增宽

低压气体中，谱线线宽的另一个主要来源是多普勒展宽效应，它源自粒子的热运动。当气室中的原子为气态时，其无规则热运动速率服从麦克斯韦统计分布律。如果运动原子在光传播方向上有速度分量 v_z，那么该运动原子所感受到的激光频率，不再是激光本身的频率 v，而是由于多普勒效应产生频移后的频率：

$$v' = v(1 - \frac{v_z}{c}) \tag{3.48}$$

多普勒展宽的原子共振谱线，是非均匀展宽谱线的典型例子，其线型符合高斯分布：

$$G(v) = \frac{c}{v_0}\sqrt{\frac{m}{2\pi k_B T}}\exp\left\{-\left[\frac{mc^2}{2k_B T v_0^2}(v - v_0)^2\right]\right\} \tag{3.49}$$

式中，m、k_B 和 T 分别是原子质量、玻尔兹曼常数和绝对温度。半高全宽为

$$\Gamma_G = \frac{2v_0}{c}\sqrt{\frac{2k_B T}{m}\ln 2} \tag{3.50}$$

因此，式（3.49）可以写作：

$$G(v) = \frac{2\sqrt{\ln 2/\pi}}{\Gamma_G}\exp\left[\frac{-4\ln 2(v - v_0)^2}{\Gamma_G^2}\right] \tag{3.51}$$

比较高斯线型和洛伦兹线型可知，若两者峰值相同且曲线下面积相同，则高斯线型近似于一个倒扣的大钟，线宽较大；而洛伦兹线型从峰值开始下降趋势较陡，但是两翼延伸较长。

3.6.4　渡越增宽

如果原子与共振电磁场相互作用的时间很短，原子只感受到一个短列余弦波的作用，因而谱线具有一定的宽度。将原子通过光强均匀分布的光束时所用的时间 T 称为渡越时间。原子感受到的电磁场为

$$E = E_0 e^{i2\pi vt}, \qquad 0 \leqslant t \leqslant T \tag{3.52}$$

式中，v 为电磁场频率。上式进行傅里叶变换后得到线型：

$$I(\omega) \propto E_0^2 \frac{\sin^2[\pi(v - v_0)T]}{4\pi^2(v - v_0)^2} \tag{3.53}$$

该线型的线宽约为 $5.52/T$。在气体中，原子速度约为 10^3m/s，因此若光束直径为毫米量级，则渡越时间约为 10^{-6}s，渡越时间展宽约为 5MHz，与自然线宽是同一量级，两者相比时不可忽略其一，但是如果气体压强较大，原子平均自由程小于光束直径，则渡越时间展宽效应可以忽略。因此，减小原子运动速度或增大光束直径是减小渡越时间展宽的两种有效途径。

3.6.5　饱和增宽

当入射共振光很强时，原子的吸收系数不再保持为常数，而是逐渐减小，这就是饱和效应。用二能级模型来解释饱和现象，假设二能级模型中上下能级粒子数分别为 N_2 和 N_1，光学泵浦过程中粒子数会随时间发生变化，

$$-\frac{dN_1}{dt} = \frac{dN_2}{dt} = N_1 B_{12} \rho g(\omega) - N_2 B_{21} \rho g(\omega) - N_2 A \qquad (3.54)$$

根据原子二能级模型，则有爱因斯坦系数 $B_{12}=B_{21}=B$（本页的 B 全是系数，不是代表磁场的符号），其与辐射密度 ρ 的乘积代表受激辐射概率，A 为自发辐射概率。当达到稳定状态时，上下能级的粒子数不再发生变化，即

$$\frac{dN_1}{dt} = \frac{dN_2}{dt} = 0 \qquad (3.55)$$

于是有上下能级粒子数之差：

$$N_1 - N_2 = \frac{N_0}{1+S} \qquad (3.56)$$

式中，N_0 为上下粒子数 N_1、N_2 之和，饱和参数 S 为

$$S = \frac{2B\rho}{A} g(\omega) \qquad (3.57)$$

其中，$g(\omega)$ 是洛伦兹线型与高斯线型的耦合函数线型，因此 S 是与入射光的光强以及频率有关的量。随着泵浦速率的增大，基态能级上的粒子数显著减少，N_2 逐渐增大，粒子数之差 N_1-N_2 逐步减小，原子对入射光的吸收正比于 N_1-N_2，因此吸收系数 α 随之减小为

$$\alpha = \frac{1}{1+S} \alpha' \qquad (3.58)$$

其中，α' 为不饱和时的吸收系数。这种饱和效应会引起额外的谱线展宽，称为饱和展宽效应。对于均匀的洛伦兹线型，吸收系数变为

$$\alpha = \alpha_0 \frac{(\Gamma/2)^2}{(\omega - \omega_0)^2 + (1+s)(\Gamma/2)^2} \qquad (3.59)$$

式中，$s = 4B\rho/\pi A\Gamma$ 称作"饱和因子"，是 S 在 $\omega=\omega_0$ 时的值；α_0 为不饱和时峰值的吸收系数。由式（3.59）可以看出，饱和效应使得 α 的峰值减小为原来的 $1/(1+s)$，而线宽增大为 $\sqrt{1+s}\,\Gamma$。

参 考 文 献

[1] Steck D A. Cesium D line data. Los Alamos: Los Alamos National Laboratory, 2003.

[2] 杨福家. 原子物理学. 4 版. 北京: 高等教育出版社, 2008: 171-177.

[3] 戴姆特瑞德. 激光光谱学(第 1 卷: 基础理论). 姬扬, 译. 科学出版社, 2012: 251-252.

[4] Gordon J P, Ashkin A. Motion of atoms in a radiation trap. Physics Letters A, 1980, 21(5): 1606-1617.

[5] Happer W. Optical pumping. Reviews of Modern Physics, 1972, 44(2): 169-249.

[6] Appelt S, Baranga A B A, Erickson C J, et al. Theory of spin-exchange optical pumping of ^{3}He and ^{129}Xe. Physical Review A, 1998, 58(2): 1412-1439.

[7] Bhaskar N D, Pietras J, Camparo J, et al. Spin destruction in collisions between cesium atoms. Physical Review Letters, 1980, 44(14): 930-933.

[8] Legowski S. Relaxation of optically pumped cesium atoms by different buffer gases. The Journal of Chemical Physics, 1964, 41(5): 1313-1317.

[9] Franz F A, Volk C. Electronic spin relaxation of the $4^2S_{1/2}$ state of K induced by K-He and K-Ne collisions. Physical Review A, 1982, 26(1): 85-92.

[10] Kornack T W. A test of CPT and Lorentz symmetry using a K-^{3}He co-magnetometer. Princeton: Princeton university, 2005: 28-29.

[11] Liu Q, Zhang J H, Zeng X J, et al. A picotesla atomic magnetometer operating at normal temperature. Proceedings of International Academic Symposium on Optoelectronics and Microelectronics Technology, 2011: 156-159.

[12] Volz U, Schmoranzer H. Precision lifetime measurements on alkali atoms and on helium by beam-gas-laser spectroscopy. Physica Scripta, 1996, 65: 48-56.

[13] Dicke R H. The effect of collisions upon the Doppler width of spectral lines. Physical Review, 1953, 89(2): 472-473.

[14] Eng R S, Calawa A R, Harman T C, et al. Collisional narrowing of infrared water vapor transitions. Applied Physics Letters, 1972, 21(7): 303-305.

[15] Ramsey A T, Anderson L W. Pressure shifts in the Na hyperfine frequency. The Journal of Chemical Physics, 1965, 43: 191.

第4章 全光铯原子标量磁力仪

Bell-Bloom 原子磁力仪作为一种全光磁力仪,用激光功率的调制代替传统磁力仪中激发进动的射频磁场。它不但物理结构简单,还可以避免射频磁场所引起进动光谱的功率增宽。

4.1 Bell-Bloom 磁力仪基本原理

Bell-Bloom 原子磁力仪的基本原理是利用极化原子在待测磁场中的拉莫尔进动频率来实现磁场的测量。在圆偏振泵浦光作用下,碱金属原子产生自旋极化,磁矩作用使被极化原子围绕待测磁场做拉莫尔进动,此时工作介质碱金属原子的光学特性发生改变,利用与原子跃迁频率共振的线偏振光来检测介质的圆二向色性,发现线偏振光的偏振方向发生偏转。对泵浦光进行幅度调制,当调制频率与原子拉莫尔进动频率相等时,检测光偏振方向的偏转角度最大,利用拉莫尔进动频率与磁场的关系可以得出待测磁场值。图 4.1 是 Bell-Bloom 磁力仪的原理示意图。

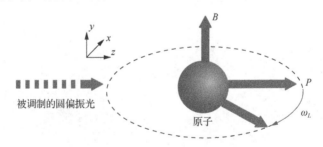

图 4.1 Bell-Bloom 磁力仪的原理示意图

4.1.1 玻尔兹曼分布

当原子处于微弱的外磁场环境中时,在热平衡状态下,各塞曼子能级上的粒子数服从玻尔兹曼分布:

$$\frac{N_2}{N_1} = e^{\frac{\Delta E}{k_B T}} \approx 1 - \frac{\Delta m_F g_F \mu_B B}{k_B T} \tag{4.1}$$

式中,k_B 为玻尔兹曼常数;T 为开氏温度。由于磁场很小,式中 $\Delta E/(k_B T)$ 绝对值很小，约为 10^{-12}，即 $N_1 \approx N_2$，说明在热平衡状态下，原子在基态各塞曼子能级上的布局数几乎相等，原子极化程度很小，

$$P_{\text{热平衡}} = \tanh\left(\frac{\frac{1}{2}g_s\mu_B B}{k_B T}\right) \tag{4.2}$$

式中，$g_s \approx 2$ 为电子 g 因子，室温下，地磁场环境中，极化程度仅为 1×10^{-7}。如此小的极化程度，根本无法被测量，因此必须采取措施使原子布局数进行转移，偏离热平衡下的玻尔兹曼分布。

4.1.2　原子极化的物理过程

1949 年，法国物理学家 Kastler 提出利用光泵浦方法可以打破原子的玻尔兹曼分布，增大极化程度，随后这种理论被多名科学家实验证实[1,2]。本书中铯原子磁力仪所用到的光泵浦技术采用圆偏振光作为泵浦光，频率对应铯原子 D1 线 $F_g=3 \rightarrow F_e=4$ 跃迁。图 4.2 描述了利用光泵浦方法使铯原子基态 $F_g=3$ 各塞曼子能级上原子布局数转移并产生极化的过程。泵浦光中所有光子，在沿光的传播方向 z 上具有相同的自旋投影，对于 σ^+ 光，所有光子沿 z 轴的角动量均为+1，以电子自旋角动量 $\hbar$ 为单位。当 σ^+ 光与原子相互作用时，根据角动量守恒原理以及塞曼跃迁选择定则，$|F_g=3, m_F>$ 子能级上的原子吸收共振光子的角动量，从而跃迁至激发态，图 4.2 中实线和虚线分别代表原子从基态 $F_g=3$ 到激发态 $F_e=4$ 和 $F_e=3$ 的跃迁，其中基态塞曼子能级 $|F_g=3, m_F=3>$ 上的粒子不能被泵浦至激发态 $F_e=3$ 上的原因是：$F_e=3$ 态缺少 $m_F=4$ 子能级，无法使原子跃迁满足 σ^+ 光泵浦下的选择定则 $\Delta m_F=+1$。

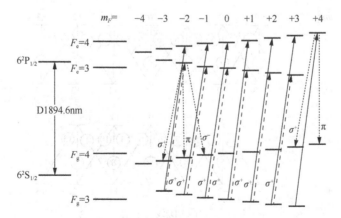

图 4.2　铯原子左旋圆偏振光泵浦过程

原子吸收光子后从基态向激发态的跃迁概率，见图 4.3[3]，图中给出了铯原子 D1 线和 D2 线各塞曼子能级之间的跃迁概率。由于 Cs 的第一激发态 $6^2P_{1/2}$ 不稳定，处于激发态的原子会经过自发辐射过程重新回到基态，原子自发辐射可回落到满足条件 $\Delta m_F=0,+1$ 的基态塞曼子能级上。

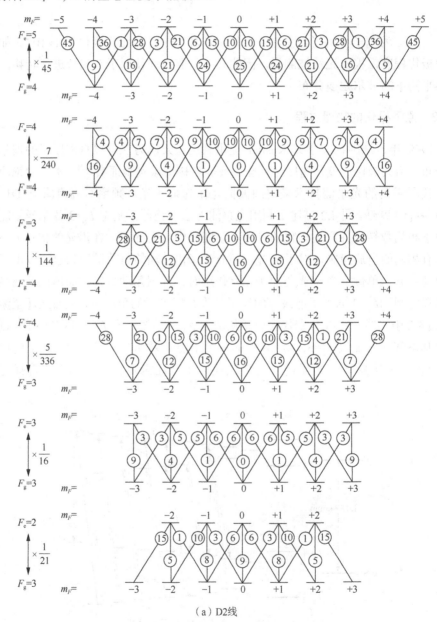

（a）D2 线

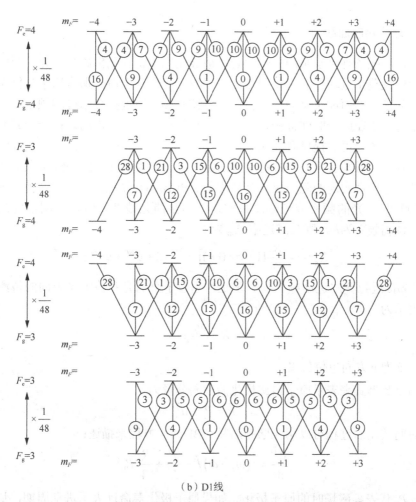

（b）D1线

图 4.3　铯原子 D1 线和 D2 线塞曼子能级之间的跃迁概率[3]

　　回落到基态的粒子会在左旋圆偏振光的作用下，重新被激发至 $6^2P_{1/2}$ 能级上。于是泵浦光持续作用一段时间后，绝大多数的原子会处于|F_g=4, m_F=4>能级上，而不再吸收光子，此时原子被极化。原子极化宏观上表现为在光传播方向上的磁矩 $\boldsymbol{P}_J$，主要来源于电子磁矩 $\boldsymbol{\mu}_J$ 的贡献，这里忽略了比电子磁矩小约 3 个量级的核磁矩。当存在均匀外磁场时，$\boldsymbol{P}_J$ 将围绕磁场方向旋进，称为拉莫尔进动，进动频率 $\omega_L = \gamma B$。对于 Cs，旋磁比 γ 约为 3.5Hz/nT。$\boldsymbol{P}_J$ 围绕磁场进动的过程中，会在与泵浦光方向垂直的检测光方向上产生投影，导致线偏振的检测光感受到原子内部吸收特性的变化，从而改变检测光的偏振态。

4.1.3 理论响应曲线

当待测磁场垂直于泵浦光方向时，被极化原子将立刻偏离泵浦光轴而围绕磁场方向做拉莫尔进动。若进动周期远小于原子的自旋寿命，那么原子整体表现出的极化为零；然而如果泵浦速率被调制，调制频率接近拉莫尔进动频率，那么所有原子将几乎在同一时间被极化，然后以相同相位做相干进动，在一个完整的进动周期后，才会再次提供泵浦光。

这种光学激励实现的自旋进动方法是由 Bell 和 Bloom 于 1961 年提出的[4]，因此基于该原理实现的磁力仪通常被称为 Bell-Bloom 结构磁力仪。这种效应可以通过调制泵浦光的频率或者幅度来实现。当泵浦光被调制时，调制幅度范围为 $0 \sim R_0$，调制频率为 ω，则泵浦速率 R_{op} 为

$$R_{op}(t) = \frac{R_0}{2} \left[1 + \cos(\omega t) \right] = \frac{R_0}{4} (2 + e^{i\omega t} + e^{-i\omega t}) \tag{4.3}$$

式中，ω 接近拉莫尔进动频率 ω_L。于是，垂直于泵浦光和检测光方向的待测磁场可以表示为

$$B = \frac{\omega_L}{\gamma} \hat{y} \tag{4.4}$$

式中，$\hat{y}$ 为 y 方向单位矢量。

用复数形式来表示原子自旋极化的横向分量为

$$\tilde{P} = \tilde{P}_z + i\tilde{P}_x \tag{4.5}$$

其随时间演化的过程可以用光学布洛赫（Bloch）方程来描述：

$$\frac{d\tilde{P}}{dt} = i\left(\omega_0 - \omega\right)\tilde{P} - \frac{\tilde{P}}{T_{tr}} + \frac{R_0}{4} P_0 \tag{4.6}$$

式中，P_0 代表零磁场时的原子极化。如果原子极化寿命远大于进动周期，那么原子横向极化时间 $T_{tr} = q / \left(R_0 / 2 + R_{rel} \right)$，$R_{rel}$ 为去极化弛豫机制的速率。

当泵浦光调制频率接近拉莫尔进动频率时，原子自旋极化趋于平衡，可以用式（4.6）的稳态解来表示：

$$\tilde{P} = \frac{\left(R_0 / 4 \right) P_0}{\Delta \omega - i\left(\omega - \omega_0\right)} \tag{4.7}$$

式中，$\Delta \omega = 1 / T_{tr}$ 为磁场线宽。

沿 x 方向传播的线偏振光将会检测到原子极化在 x 方向的分量 P_x：

$$P_x = \tilde{P}_x \cos(\omega t) + \tilde{P}_z \sin(\omega t) = \frac{R_0}{4} P_0 \frac{\Delta\omega\sin(\omega t) + \left(\omega - \omega_0\right)\cos(\omega t)}{\Delta\omega^2 + \left(\omega - \omega_0\right)^2} \tag{4.8}$$

将上式进行傅里叶变换后得到磁力仪的频率响应曲线，如图 4.4 所示，图中实线所示为磁力仪输出的同相信号，呈色散线型；虚线所示为正交信号，呈洛伦

兹线型，其半高全宽为 $2\Delta\omega$。

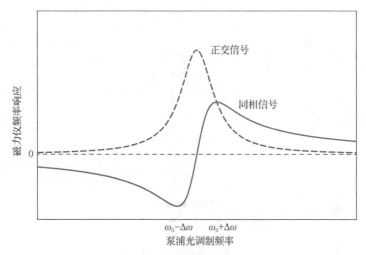

图 4.4　原子磁力仪响应曲线

4.2　弱磁场下磁力仪共振光谱的研究

4.2.1　物理系统的实现

图 4.5 是 Bell-Bloom 磁力仪的结构示意图，该磁力仪主要由泵浦光源、检测光源、原子气室、光学探测及信号处理五部分组成，每部分详细的系统设计，如图 4.6 所示。

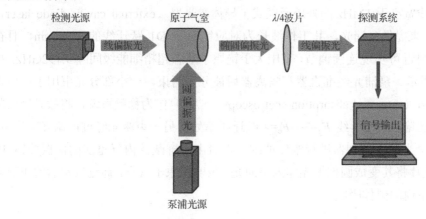

图 4.5　铯原子磁力仪结构图

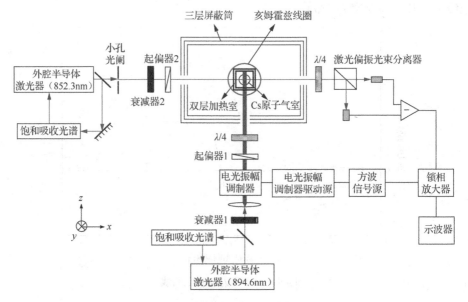

图 4.6　铯原子磁力仪试验装置图

首先将球形铯原子气室置于"聚四氟乙烯"制作的无磁加热室中,采用热气流对其加热,并利用光纤光栅测温系统对加热室内部的温度进行实时监测。光纤光栅温度传感器的基本原理就相当于一个以共振波长为中心的窄带滤波器,当温度发生变化时,中心波长也相应改变,利用这种温度与波长的线性关系来实现温度的测量,如图 4.7 所示。然后将安装有铯原子气室的加热室置于磁屏蔽筒的中心处,并在图 4.6 中的 y 方向上利用亥姆霍兹线圈加一个恒定的待测磁场。

用线宽小于 1MHz 的外腔反馈式半导体激光器(external cavity diode laser, ECDL)来提供泵浦光,其工作波长为对应铯原子 D1 跃迁线的 894.6nm,且在该波长附近可实现连续调节,范围大于铯原子基态超精细能级间隔 9.192GHz,如图 4.6 所示。泵浦光经准直器和隔离器后被分为两束,一小部分光束用于产生饱和吸收谱(saturated absorption spctroscopy, SAS)作为稳频系统,将激光器的频率锁定在铯原子 D1 线 $F_g=3 \rightarrow F_e=4$ 跃迁频率处;另一束激光经过可调衰减片 A1 后,被电光幅度调制器进行幅度调制,之后由磁屏蔽筒内气室前的偏振棱镜 P1 和 $\lambda/4$ 波片将其变成圆偏振光作为泵浦光,照射铯原子气室,通过气室后的出射光由加热室内的黑体吸收。

（a）加热室

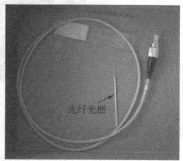

（b）光纤光栅温度传感系统

图 4.7　加热与测温系统实物图

同样采用波长对应铯原子 D2 跃迁线的 852.3nm 外腔半导体激光器来提供检测光，并将其频率稳定在 $F_g=4\rightarrow F_e=5$ 共振线处，稳定度约为 2MHz。检测光方向的光阑用于调节光斑大小，避免检测光大于泵浦光光斑面积，从而不能得到有效利用反而引起更多噪声。利用偏振棱镜 P2 将其变成线偏振光后照射铯原子气室，采用 $\lambda/4$ 波片和 PBS 棱镜组成的光学系统对其偏振面的旋转角度进行检测，PBS 的两束出射光经过光电转换、放大及相减和滤波后，送入锁相放大器读取信号与噪声。图 4.8 为所用激光器，图 4.9 为搭建的铯原子磁力仪系统实物图。

（a）激光器内部结构　　　　　　　　　（b）激光器控制电源系统

图 4.8　外腔反馈式半导体激光器

图 4.9　铯原子磁力仪系统实物图

4.2.2　灵敏度分析

根据铯原子磁力仪的基本原理，当原子气室温度为 40℃时，提供 100nT 的标准待测磁场，对磁力仪系统进行试验测量，结果如图 4.10 所示，横纵轴分别为泵浦光调制频率和检测光偏振面的旋转角度，图中实线所示的吸收线型为锁相放大器的同相输出信号，虚线所示的色散线型为其正交输出信号。由拉莫尔进动频率与磁场关系 $\omega_L=\gamma B$ 可知，当磁场 $B=100nT$ 时，对应 ω_L 约为 350Hz。试验结果显示，当泵浦光调制频率约等于 350Hz 时，吸收线型显示旋转角度出现最大值，相应地，此时色散线型斜率最大。

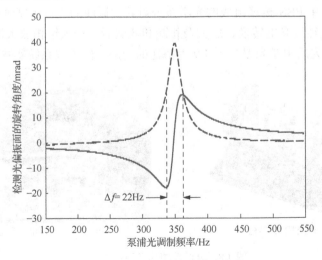

图 4.10　铯原子磁力仪响应曲线

原子磁力仪灵敏度的表达式为[5]

$$\delta B = \frac{1}{\gamma} \left(\frac{\partial \phi}{\partial f} \right)^{-1} \delta \phi \tag{4.9}$$

式中，铯原子的旋磁比 $\gamma = 3.5 \text{Hz/nT}$；$\delta\phi$ 和 $\partial\phi/\partial f$ 分别代表偏振面旋转角噪声和共振时偏振面、旋转角与调制频率的关系。

将图 4.10 中色散谱线零点附近的数据进行线性拟合，得到其斜率 $\partial\phi/\partial f$ 约为 3.2mrad/Hz，如图 4.11 所示。

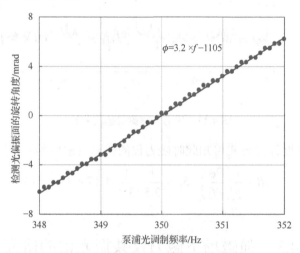

图 4.11　共振频率附近色散谱线斜率

利用图 4.12 中的美国斯坦福系统公司生产的 SR785 动态信号分析仪，对磁力仪信号进行频谱分析 [采集时间 1s，快速傅里叶变换（FFT）分辨率 400 线，扫描范围 400Hz] 后，可得到该磁力仪的磁测灵敏度水平，如图 4.13 所示。

图 4.12　SR785 动态信号分析仪

从图中可以看出磁力仪信号单位带宽的信噪比约为 30000，色散信号的幅度 $S_{\text{P-P}}$ 约为 36.9mrad，因此偏振面旋转角的等效噪声约为

$$\delta\phi = \frac{N}{S} S_{\text{P-P}} = \frac{1}{31600} \cdot 36.9 = 1.17 \times 10^{-3} \tag{4.10}$$

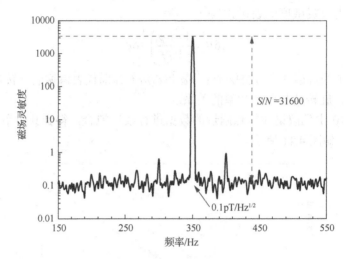

图 4.13　磁力仪磁测灵敏度分析

因此由灵敏度计算公式可知此时磁力仪的磁测灵敏度为

$$\delta B = \frac{1}{\gamma}\left(\frac{\partial \phi}{\partial f}\right)^{-1}\delta \phi = \frac{1}{3.5}\cdot\frac{1}{3.2}\cdot 1.17\times 10^{-3} = 0.1 \qquad (4.11)$$

4.3　强磁场下磁力仪共振光谱的研究

4.3.1　非线性塞曼效应

　　当碱金属原子处于微弱磁场中时，通常忽略 Breit-Rabi 方程中与磁场有关的非线性项，认为被极化原子绕磁场方向的拉莫尔进动频率 ω_L 正比于磁场 B，即 $\omega_L = \gamma B$。当环境磁场较大时（如 100~200G，1G=10^{-4}T），非线性塞曼效应将会变得非常明显，即使在仅有 0.5G 的地磁场下，这种非线性塞曼效应也足以影响到磁力仪的灵敏度。

　　在存在外磁场的情况下，铯原子原本简并的超精细能级将分裂成 2F+1 个塞曼子能级，如图 4.14 所示。

　　由 Breit-Rabi 方程可知，碱金属原子基态 $F_g=4$ 各塞曼子能级$|F_g, m_F>$的能量 E 与磁场 B 呈如下关系：

$$E\left(F_g = 4, m_F\right) = -\frac{\hbar\omega_{hf}}{2(2I+1)} - g_I\mu_N Bm_F + \frac{\hbar\omega_{hf}}{2}\sqrt{x^2 + \frac{4xm_F}{2I+1} + 1} \qquad (4.12)$$

$$x = \frac{(g_s\mu_B + g_I\mu_N)B}{\hbar\omega_{hf}} \qquad (4.13)$$

式中，m_F 代表磁量子数；铯原子对应的核自旋角动量 $I=7/2$；基态超精细能级间隔 $\omega_{hf}=2\pi\times9.192\text{GHz}$；$g_I$、$g_s$、$\mu_N$ 和 μ_B 分别为核 g 因子、电子 g 因子、核磁子和玻尔磁子。

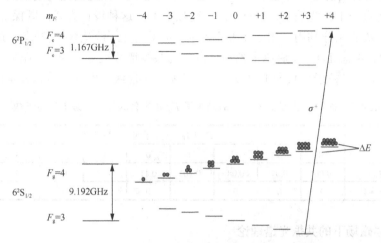

图 4.14　铯原子 D1 线超精细结构的塞曼分裂

相邻塞曼子能级 $|F_g,\ m_F>$ 和 $|F_g,\ m_{F^{-1}}>$ 之间的跃迁频率为

$$\nu_i=\frac{\Delta E}{h}=\frac{E(F,m_F)-E(F,m_{F^{-1}})}{h}\qquad(4.14)$$

式中，$\nu_i(i=1,2,\cdots,8)$ 依次对应相邻两磁子能级直接的跃迁频率，即 $|F_g=4$，$m_F=-4>\rightarrow|F_g=4$，$m_F=-3>$ 跃迁直至 $|F_g=4$，$m_F=3>\rightarrow|F_g=4$，$m_F=4>$ 跃迁，共 8 个跃迁频率；h 为普朗克常数。分析 Breit-Rabi 方程中与磁场有关的非线性项对磁共振谱线频率的影响可知，如图 4.15 所示，两个相邻 ν_i 之间的间隔，随着磁场的增大，由磁场小于 0.2G 时的 1Hz 逐渐增大到磁场为 1.0G 时的 27Hz。

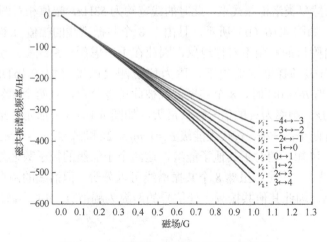

图 4.15　共振频率 ν_i 与磁场的非线性关系

在上节中分析的基于共振吸收法的铯原子磁力仪，其泵浦光为 894.6nm 波长的圆偏振光，对应铯原子 D1 线 $F_g=3 \rightarrow F_e=4$ 跃迁频率；检测光为线偏振光，频率稳定在铯原子 D2 线的 $F_g=4 \rightarrow F_e=5$ 跃迁频率上。这种设计方式，既保证了 $F_g=3$ 态上粒子数的充分利用（由于激发态不稳定，电子会自发辐射回基态，最终都被抽运至 $F_g=4$ 态上），又避免了光频移带来的共振谱线展宽效应[6]。在泵浦光的持续作用下，假设粒子总数为 1，基态 $F_g=4$ 各塞曼子能级上的粒子数如表 4.1 所示[7]。

表 4.1　连续 σ^+ 泵浦光照射下的铯原子 $F_g=4$ 态各塞曼子能级上的粒子数[7]

泵浦光|4, m_F>	$F_g=4$ 各塞曼子能级上的粒子数								
	-4	3	-2	-1	0	1	2	3	4
$F_g=3 \rightarrow F_e=4$	0.06	0.07	0.08	0.10	0.11	0.13	0.14	0.15	0.16
$F_g=4 \rightarrow F_e=4$	0	0	0	0	0	0	0	0	0.11

4.3.2　强磁场下的共振光谱理论

原子磁共振光谱 $S(\nu)$ 实际上是 $\nu_1 \sim \nu_8$ 频率处各共振信号共同作用的结果，每个单独的共振信号都具有洛伦兹线型：

$$S(\nu) = \sum_i A_i \frac{\Delta \nu_i}{(\nu - \nu_i)^2 + \Delta \nu_i^2} \qquad (4.15)$$

式中，$\Delta \nu_i$ 和 A_i 分别为每个单独共振信号的线宽和幅值，并且幅值的大小取决于两个相邻塞曼子能级上的粒子数之差。

根据以上分析，仿真出了不同磁场下的磁共振光谱，如图 4.16 所示。当 $B=10^{-3}$G（即 100nT）时，之前得到铯原子磁力仪的试验谱线线宽约为 22Hz，为使仿真谱线线宽与试验值一致，取 $\Delta \nu_i$=10Hz，如图 4.16（a）所示。当 B=0.5G 时，磁共振谱线依然呈类洛伦兹线型，此时的线宽约为 53Hz，幅值相对图 4.16（a）衰减了约 50%，如图 4.16（b）所示，且由于 8 个共振谱线的幅值 A_i 彼此不相等导致了光谱峰值附近的略微不对称现象，因此在不考虑额外系统噪声引入和大磁场下原子气室内磁场梯度的前提下，磁力仪磁测灵敏度将由 0.1pT/Hz$^{1/2}$ 降低为 0.5pT/Hz$^{1/2}$。当 B=1.0G 时，8 个共振谱线彼此可以分辨，且两个相邻共振频率的间隔约为 27Hz，频率为 ν_3 的信号幅值最大，如图 4.16（c）所示。造成这种现象的原因可能有两个：一是，ν_3 代表能级|$F_g=4$, m_F=-2>和|$F_g=4$, m_F=-1>之间的跃迁频率，由表 4.1 可知，相对于其他子能级，这两个子能级的粒子数之差最大，从而决定了 A_3 值最大；二是，虽然 8 个共振谱线可以分辨，但谱线的两翼仍会叠加到邻近的光谱上，因此其他共振频率处信号的两翼为幅值 A_3 的大小做出了贡献。

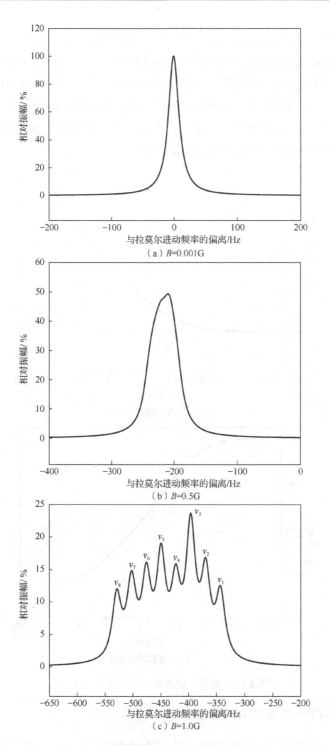

图 4.16　不同磁场下的铯原子磁共振光谱

分析磁场从零到 0.7G 时（$B>0.7G$ 时，共振谱线不再呈现类洛伦兹线型），原子磁共振光谱的线宽及幅值变化趋势，如图 4.17 所示：当磁场小于 0.15G 时，共振光谱线宽约为 22Hz，幅值随磁场变化亦不明显；当磁场大于 0.15G 时，线宽呈迅速增大趋势，在 0.7G 时达到 96Hz 左右，而信号幅值随磁场的增大迅速减小，在 0.7G 时衰减为初始值的 30%左右。这种非线性塞曼效应对磁共振谱线的影响，直接限制原子磁力仪在大磁场处的灵敏度水平。

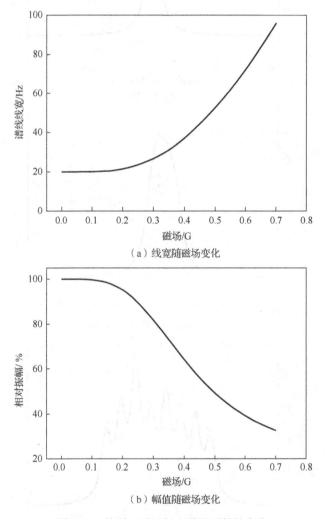

（a）线宽随磁场变化

（b）幅值随磁场变化

图 4.17　铯原子磁共振光谱随磁场的变化

4.3.3　强磁场下共振光谱的试验结果

由于试验所采用的亥姆霍兹线圈并不能保证中心磁场完全均匀分布，因此为

了避免磁场梯度的影响，试验测量了磁场范围从 0.001G 变化到 0.2G 时，磁力仪响应曲线的线宽。如图 4.18 所示，圆点代表采用 $F_g=3 \to F_e=4$ 线泵浦时不同磁场下磁力仪色散谱线的宽度，星点代表 $F_g=4 \to F_e=4$ 线泵浦时的线宽变化。从图中可以看出：当磁场较小时，$F_g=4 \to F_e=4$ 线泵浦时磁力仪的线宽明显大于 $F_g=3 \to F_e=4$ 线泵浦时磁力仪的线宽，这是由于检测光的频率对应 $F_g=4 \to F_e=5$ 线跃迁，$F_g=4 \to F_e=4$ 线泵浦时，受泵浦光带来的弛豫效应影响较大；随着磁场的增大，$F_g=4 \to F_e=4$ 线泵浦时磁力仪的线宽基本没有变化，而 $F_g=3 \to F_e=4$ 线泵浦时磁力仪的线宽则增加了一倍，这是由于当 $F_g=4 \to F_e=4$ 线泵浦时，除|$F_g=4$, $m_F=4$>外其他塞曼子能级的粒子数均为零，如表 4.1 所示，所以不会受非线性塞曼效应导致的磁力仪谱线加宽或者分裂的影响；从图 4.18 可以预期，当磁场继续加大时，非线性塞曼效应造成 $F_g=3 \to F_e=4$ 线泵浦时谱线的线宽会明显增大。

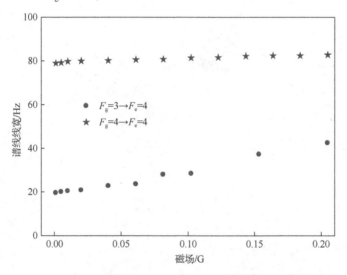

图 4.18　不同磁场下磁力仪色散谱线的线宽

虽然 $F_g=4 \to F_e=4$ 线泵浦时，磁力仪谱线线宽随磁场的变化较 $F_g=3 \to F_e=4$ 线泵浦时小，但是前者不能充分利用基态 $F_g=3$ 上的粒子数，且受泵浦光带来的弛豫效应影响较大，因此大磁场下采用 $F_g=4 \to F_e=4$ 线泵浦并非消除非线性塞曼效应影响的最佳途径。

参 考 文 献

[1] Drullinger R E, Zare R N. Optical pumping of molecules. The Journal of Chemical Physics, 1969, 51(12): 5532-5542.

[2] Hawkins W B, Dicke R H. The polarization of sodium atoms. Physical Review, 1953, 91(4): 1008-1009.

[3] Schmidt O, Knaak K M, Wynands R, et al. Cesium saturation spectroscopy revisited: how to reverse peaks and observe narrow resonances. Applied Physics B, 1994, 59: 167-178.

[4] Bell W E, Bloom A L. Optically driven spin precession. Physical Review Letters, 1961, 6(6): 280-281.

[5] Acosta V, Ledbetter M P, Rochester S M, et al. Nonlinear magneto-optical rotation with frequency-modulated light in the geophysical field range. Physical Review A, 2006, 73(5): 053404.

[6] 陈景标, 朱程锦, 王凤芝, 等. 斜入射激光抽运铯束频标中的光频移. 光电子·激光, 2001, 12(1): 51-54.

[7] Zhang J H, Zeng X J, Li Q M, et al. Spectrally selective optical pumping in Doppler-broadened cesium atoms. Chinese Physics B, 2013, 22(5): 053202.

第 5 章 铷原子矢量磁力仪

5.1 矢量原子磁力仪的工作原理

电子自旋进动型原子磁力仪按照测量磁场的能力分为标量原子磁力仪[1]和矢量原子磁力仪[2]。标量原子磁力仪能测量指定方向磁场的起伏，可用于磁共振[3,4]、生物医学成像[5,6]、物理常数测量[7,8]等领域；而矢量原子磁力仪可以给出磁场矢量的全部信息，在地磁导航、磁异常信号检测、中子电偶极矩研究等领域有着广泛的应用[9-11]。矢量原子磁力仪不但需要测量磁感应强度的大小（有时也称模量），还要能获知磁场的两个方向角，共三个待测物理量。因此与标量磁力仪相比，其测量的信息更丰富，结构更复杂，不易小型化。通常可利用三维磁场补偿技术、交叉调制解调技术、多光束进动相位检测、电磁感应透明（electromagnetically induced transparency, EIT）等方法获取磁场方向参量[11-16]。同时也有人利用线偏振光具有极化方向与传输方向不重合的特性，实现结构简单的矢量原子磁力仪[17,18]。

在第 4 章 Bell-Bloom 结构的标量磁力仪基础上，如果在 y 轴上加入第二束检测光，就能检测到更丰富的磁矩进动信息，形成全光矢量原子磁力仪，如图 5.1 所示。

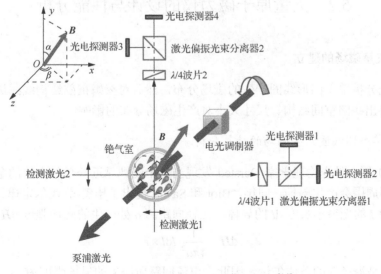

图 5.1 全光矢量原子磁力仪原理图[14]

　　研究发现，通过检测进动磁矩在两检测光方向投影的相位角，可以确定矢量磁场的方向信息。假设磁矩在磁场中进动满足以下三个条件：①$\omega_L \gg R_{se} \gg 1$（$\omega_L$为磁矩在磁场中的拉莫尔进动频率，$R_{se}$为磁矩进动的横向弛豫系数）；②忽略纵向弛豫效应对磁矩进动过程中的影响；③在变换到旋转坐标系下不考虑泵浦速率反向旋转项的影响[14]。由式（4.3）和式（4.6），三个方向上的磁矩进动分量随时间的演化可以被描述如下：

$$P_z(t) = \Delta\omega R_{pu}S_0 \frac{A_z(\alpha,\beta)}{\sqrt{(\Delta\omega)^2 + (\omega-\omega_L)^2}}\left[\cos(\omega t)-1\right] + R_{pu}S_0 \tag{5.1}$$

$$P_x(t) = \Delta\omega R_{pu}S_0 \frac{A_x(\alpha,\beta)}{\sqrt{(\Delta\omega)^2 + (\omega-\omega_L)^2}}\left[\cos(\omega t-\varphi_x)-\cos\varphi_x\right] \tag{5.2}$$

$$P_y(t) = \Delta\omega R_{pu}S_0 \frac{A_y(\alpha,\beta)}{\sqrt{(\Delta\omega)^2 + (\omega-\omega_L)^2}}\left[\cos(\omega t-\varphi_y)-\cos\varphi_y\right] \tag{5.3}$$

式中，$\Delta\omega$ 表示磁矩进动信号谱线的线宽；R_{pu} 表示泵浦速率；S_0 表示零磁场时单位泵浦速率引起的磁矩；$A_x(\alpha,\beta)$、$A_y(\alpha,\beta)$ 和 $A_z(\alpha,\beta)$ 分别正比于进动磁矩在三个方向上投影的振幅；φ_x 和 φ_y 分别表示 x 和 y 方向上的相位，z 方向上初始相位假设为零。由于矢量磁场具有三个自由度，因此在试验中分析原子极化宏观磁矩在待测外磁场中进行拉莫尔进动频率、φ_x 和 φ_y，及该进动在 x、y 方向投影振幅比值 $A_y(\alpha,\beta)/A_x(\alpha,\beta)$，则有可能实现矢量原子磁力仪。

5.2　矢量原子磁力仪的设计与性能分析

5.2.1　矢量磁场的建立

　　首先分析单个圆形线圈产生的磁场分布，然后对亥姆霍兹结构线圈进行理论分析，得出线圈空间结构、尺寸大小对产生磁场分布的影响。

　　1. 单个圆线圈产生磁场的计算分析

　　1820 年，丹麦物理学家 Oersted 发现当一个磁针靠近一个带电流的金属线圈时，线圈周围会产生磁场。同年，Biot 和 Savart 提出了毕奥-萨伐尔定律。一个通过电流为 I 的无穷小长度 dl 的导体，在径向距离 a 处产生的磁场强度 dH 为

$$\mathrm{d}\boldsymbol{H} = \frac{1}{4\pi a^2}I\mathrm{d}\boldsymbol{l} \times \hat{\boldsymbol{r}} \tag{5.4}$$

式中，$\hat{\boldsymbol{r}}$ 是沿径向的单位矢量。因此，电流回路所产生的磁场强度 $\boldsymbol{H}$ 为

$$H = \frac{1}{4\pi} I \int_c \frac{\mathrm{d}\boldsymbol{l} \times \hat{\boldsymbol{r}}}{a^2} \qquad (5.5)$$

计算半径为 r 的环形载流导线中，$\mathrm{d}\boldsymbol{l}$ 微元在轴线上 A 点产生的磁场强度 $\mathrm{d}\boldsymbol{H}$，如图 5.2 所示，其轴向分量可写成

$$\mathrm{d}\boldsymbol{H} = \frac{I\mathrm{d}\boldsymbol{l}}{4\pi a^2} \sin\alpha \qquad (5.6)$$

式中，$a = \sqrt{r^2 + y^2}$；$\sin\alpha = r / \sqrt{r^2 + y^2}$；$y$ 是 A 点到载流线圈中心的距离。

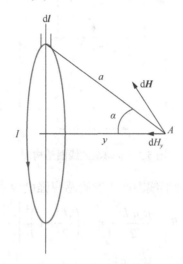

图 5.2　单个圆线圈模型

由于 $\oint \mathrm{d}l = 2\pi r$，整个线圈在 A 点所产生的磁场强度 $\boldsymbol{H}$ 为

$$\boldsymbol{H} = \oint \mathrm{d}\boldsymbol{H} = \frac{I}{2\pi a^2} \sin\alpha \oint \mathrm{d}l = \frac{Ir^2}{2\left(\sqrt{r^2 + y^2}\right)^3} \qquad (5.7)$$

由磁感应强度 $\boldsymbol{B}$ 和磁场强度 $\boldsymbol{H}$ 的转换

$$\boldsymbol{B} = \mu_0 \boldsymbol{H} \qquad (5.8)$$

式中，μ_0 为真空中的磁导率，则

$$\boldsymbol{B} = \frac{\mu_0 I r^2}{2\left(\sqrt{r^2 + y^2}\right)^3} \qquad (5.9)$$

因此，圆环中心 $y=0$ 处的磁感应强度为 $\boldsymbol{B}=\mu_0 I/(2r)$。

2. 亥姆霍兹线圈产生磁场的计算分析

亥姆霍兹线圈是一种能在空间区域里产生均匀磁场分布的试验装置。它被广泛应用于磁场校准、超极化、有机生物电磁研究等领域。亥姆霍兹线圈如图 5.3

所示，由两个半径相同且匝数相同、相互平行的圆形线圈组成，其距离等于线圈半径。建立试验坐标系，使坐标系原点位于两线圈的几何中心，y 轴为线圈轴向，x 和 z 轴分别为径向，且两线圈通以大小相等、方向相同的电流。

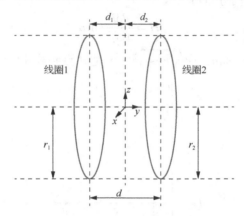

图 5.3　亥姆霍兹线圈结构图

根据式（5.7），两个圆形线圈产生的磁感应强度分别为

$$B_1 = \frac{\mu_0 n_1 I r_1^2}{2}\left[r_1^2 + \left(\frac{d_1}{2}+y\right)^2 \right]^{-3/2} \tag{5.10}$$

$$B_2 = \frac{\mu_0 n_2 I r_2^2}{2}\left[r_2^2 + \left(\frac{d_2}{2}-y\right)^2 \right]^{-3/2} \tag{5.11}$$

式中，r_1 和 r_2 分别代表线圈半径；n_1 和 n_2 分别代表线圈的匝数。两线圈中心到原点的距离是 d_1 和 d_2。

沿亥姆霍兹线圈对称轴的轴向磁感应强度 B_y 为

$$B_y = B_1 + B_2 = \frac{\mu_0 n_1 I r_1^2}{2}\left[r_1^2 + \left(\frac{d_1}{2}+y\right)^2 \right]^{-3/2} + \frac{\mu_0 n_2 I r_2^2}{2}\left[r_2^2 + \left(\frac{d_2}{2}-y\right)^2 \right]^{-3/2} \tag{5.12}$$

根据亥姆霍兹线圈的定义，$r=r_1=r_2$，$n=n_1=n_2$，$r=d=2d_1=2d_2$，代入式（5.12），则

$$B_y = \frac{\mu_0 n I r^2}{2}\left\{\left[r^2 + \left(\frac{r}{2}+y\right)^2 \right]^{-3/2} + \left[r^2 + \left(\frac{r}{2}-y\right)^2 \right]^{-3/2}\right\} \tag{5.13}$$

式中，n 是每个线圈的匝数；I 是线圈通过的电流；r 是每个线圈的半径；y 是磁场的轴向位置。当 $y=0$ 时，在亥姆霍兹线圈几何中心位置的磁场为

$$B_0 = \mu_0 nIr^2 \left(r^2 + 0.25r^2 \right)^{-3/2} = 0.7155 \frac{\mu_0 nI}{r} \tag{5.14}$$

3. 亥姆霍兹线圈的尺寸分析

利用被校准的磁探头或传感器尺寸所形成最大磁场的不确定度来确定线圈的尺寸大小。表 5.1 给出了适合于 1%～10% 的磁场均匀性的归一化 x 和 y 值[19]。

表 5.1　适合于磁场均匀性的归一化空间尺度

均匀性	±x/r	±y/r
1%	0.3	0.3
2%	0.4	0.4
5%	0.5	0.4
10%	0.6	0.5

假设每个探头或传感器的体积近似椭圆体或圆柱体，其中心在线圈的中心位置。x/r 和 y/r 是椭圆体的归一化半径，这些半径表示被校准磁场探头或传感器最大尺寸的一半与线圈半径的比值。在原子磁力仪系统中的原子气室相当磁场探头，原子气室为球体，其直径为 30mm。若要求原子气室保持在 1% 磁场不确定度范围或者磁场均匀空间内，则亥姆霍兹线圈的最小半径为 $r=30/(2×0.3)=50$mm。由于亥姆霍兹线圈需要放置在磁屏蔽筒中，线圈的尺寸受磁屏蔽筒内径和加热气室外径的限制，最终确定线圈的半径为 100mm。为了产生 100nT 的磁场，将驱动电流设定在 1mA，根据式（5.13）计算出线圈匝数为 11 匝。使用软件对以上参数下线圈产生的轴向磁场分布进行仿真，得到的分布曲线如图 5.4 实线所示。

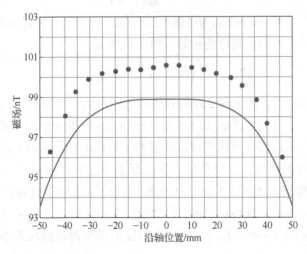

图 5.4　试验用亥姆霍兹线圈轴向磁场分布仿真图及试验测量

试验中还利用中国计量科学研究院出品的 CTM-6W 型磁通门磁力仪测量了线圈轴向磁场分布并与理论值进行比较，CTM-6W 型磁通门磁力仪分辨率为0.1nT水平。图 5.4 中圆点代表线圈轴向磁场的试验测量值。从图中可以看出，实际测量值基本符合理论值分布趋势，但存在约 2nT 的系统误差，可认为该误差不会影响原子磁力仪系统的测磁灵敏度，仅影响测量的准确度。

5.2.2 矢量原子磁力仪的灵敏度分析

在第 4 章描述了基于 Bell-Bloom 结构的标量原子磁力仪，其通过测量磁矩拉莫尔进动频率来测量磁场的模量，在 y 方向拥有磁场测量最高灵敏度。其实探测信号是一个周期信号，除磁矩拉莫尔进动频率外，还包含进动相位，它依赖于磁场的取向；由于磁场方向有两个自由度，如果能在不同的方向获得两个进动相位，就能实现对磁矢量的有效测量。因此需要在试验装置图 4.6 的基础上增加一束沿 y 轴方向传输的线偏振光，即需要测量式（5.2）和式（5.3）中的 φ_x 和 φ_y。试验中选取充有 70torr He 缓冲气体的 Cs 泡，按照类似 4.2 节的分析，当磁场沿 y 方向时，通过测量磁矩进动光谱的线宽（约 11.2Hz）、信噪比（约 2×10^4），试验测得该试验系统具有 80fT/Hz$^{1/2}$ 最佳灵敏度。与 4.2 节内容相比，灵敏度有了显著的提升，可认为 He 缓冲气体 70torr 压强更适合于铯原子磁力仪。

为了描述矢量原子磁力仪的测磁灵敏度，在此定义测量磁场大小变化的相对灵敏度，为不同方向角度下的灵敏度与最高的灵敏度的比值[14]：

$$\delta B_{\text{rel}(i)} = \frac{\delta B_i}{80\text{fT}/\sqrt{\text{Hz}}} \qquad (5.15)$$

式中，i 为 x 或 y 方向；$\delta B_{\text{rel}(i)}$ 为灵敏度的振幅。由于试验装置探测到的信号为 x 和 y 方向上的进动投影，则总的相对灵敏度振幅为

$$\delta B_{\text{rel}(\text{tot})} = \left[\left(\delta B_{\text{rel}(x)} \right)^{-2} + \left(\delta B_{\text{rel}(y)} \right)^{-2} \right]^{-1/2} \qquad (5.16)$$

受限于试验设备，把 x 和 z 方向的磁场线圈串联，则图 5.1 中 $\beta=\pi/4$，此时的待测磁场仅有一个方向参量 α。图 5.5 表示磁场方向对原子磁力仪相对灵敏度的影响。图中长虚线和点线分别代表理论计算的 x 方向上和 y 方向上相对灵敏度，实线代表总的相对灵敏度。方块和星点分别代表 x 方向上和 y 方向上的试验数据点，将这两组数据代入式（5.16）计算得到试验原子磁力仪系统总的相对灵敏度，如图中圆点所示。借助 y 方向上的理论结果，计算出了 $\alpha=0°$ 和 $\alpha=10°$ 时总的相对灵敏度。从图 5.5 可以看出，在整个角度范围里测量磁场大小变化灵敏度优于 120 fT/Hz$^{1/2}$。

在研究相对灵敏度随方向角 α 变化的同时，还利用锁相放大器记录了进动磁

矩在 x, y 方向投影的相位如图 5.6 所示，其中空心圆点和实心方块为试验测量值，曲线是理论结果。此外，也分析了进动磁矩向 x, y 方向投影振幅的比值，结果如图 5.7 所示，其中实心圆点为试验测量值。结果显示理论预期和测量数据完全符合，从而证明了利用磁矩进动投影获取磁场方向的可行性。

为检测矢量原子磁力仪系统的磁场方向测量能力，可采用 Allan 方差分析矢量原子磁力仪方向灵敏度[20]。采用两台信号发生器分别连接两种亥姆霍兹线圈组，将磁场大小固定，磁场方向 α 在 60°～90° 周期性转换，通过锁相放大器记录 x 轴检测光的进动投影相位角，从而得出磁场方向随时间的稳定性，如图 5.8 所示。

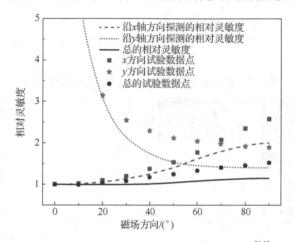

图 5.5　磁力仪相对灵敏度随磁场方向的变化[14]

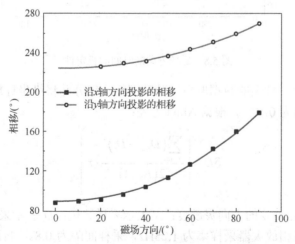

图 5.6　进动磁矩投影相位随磁场方向的变化[14]

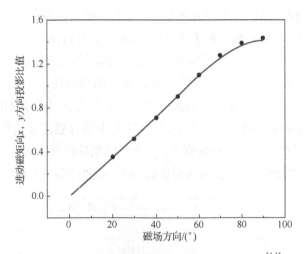

图 5.7　进动磁矩投影振幅比随磁场方向的变化[14]

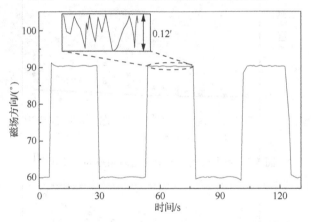

图 5.8　磁场方向随时间的稳定性

　　在图 5.8 中，插图的数据取自试验数据的一部分并将纵坐标放大得到，结果显示数据抖动约为 0.12°。根据 Allan 方差：

$$\delta D = \left(\frac{\sum\limits_{i=1}^{N-1} \left(D_{i+1} - D_i \right)^2}{2\left(N-1 \right)} \cdot \tau \right)^{1/2} \tag{5.17}$$

式中，δD 表示磁力仪的方向灵敏度；N 表示采样数量；D_i 表示采样数据点；τ 表示采样间隔。锁相放大器采样率为 1.25Hz，采样间隔为 0.8s，将图 5.8 中的数据代入式（5.17）得到此全光矢量原子磁力仪方向灵敏度约为 $0.1°/\mathrm{Hz}^{1/2}$。

参 考 文 献

[1] Budker D, Romalis M. Optical magnetometry. Nature Physics, 2007, 3(4):227-234.

[2] Fairweather A J, Usher M J. A vector rubidium magnetometer. Journal Physics E: Scientific Instrument, 1972, 5(10): 986-990.

[3] Shah V, Knappe S, Schwindt P D D, et al. Subpicotesla atomic magnetometry with a microfabricated vapor cell. Nature Photonics, 2007, 1(11): 649-652.

[4] Savukov I, Karaulanov T, Boshier M G. Ultra-sensitive high-density Rb-87 radio-frequency magnetometer. Applied Physics Letters, 2014, 104(2):023504.

[5] Lee H J, Shim J H, Moon H S, et al. Flat-response spin-exchange relaxation free atomic magnetometer under negative feedback. Optics Express, 2014, 2(17):19887.

[6] Xia H, Baranga B A, Hoffman D, et al. Magnetoencephalography with an atomic magnetometer. Applied Physics Letters, 2006, 89(21):211104.

[7] Zou S, Zhang H, Chen X Y, et al. Ultra-sensitive atomic magnetometer for studying magnetization fields produced by hyperpolarizaed helium-3. Journal of Applied Physics, 2016, 119(14):143901.

[8] Allmendinger F, Heil W, Karpuk S, et al. New limit on Lorentz-invariance-and CPT-Violating neutron spin interactions using a free-spin-precession ^{3}He-^{129}Xe comagnetometer. Physical Review Letters, 2014, 112(11): 110801.

[9] Goldenberg F. Geomagnetic navigation beyond the magnetic compass. Proceedings of 2006 IEEE/ION Position, Location and Navigation Symposium-PLANS, 2006: 684-694.

[10] Huang H C, Dong H F, Hu X Y, et al. Three-axis atomic magnetometer based on spin precession modulation. Applied Physics Letters, 2015, 107(18): 182403.

[11] Patton B, Zhivun E, Hovde D C, et al. All-optical vector atomic magnetometer. Physical Review Letters, 2014, 113(1): 013001.

[12] Seltzer S J, Romalis M V. Unshieded three-axis vector operation of a spin-relaxation-free atomic magnetometer. Applied Physics Letters, 2004, 85(20): 4804-4806.

[13] Vershovskii A K. Project of laser-pumped quantum M_x magnetometer. Technical Physics Letters, 2011, 37(2): 140-143.

[14] Sun W M, Huang Q, Huang Z J, et al. All-optical vector cesium magnetometer. Chinese Physics Letters, 2017, 34(5): 058501.

[15] Yudin V I, Taichenachev A V, Dudin Y O, et al. Vector magnetometry based on electromagnetically induced transparency in linearly polarized light. Physical Review A, 2011, 82(3): 033807.

[16] Cox K, Yudin V I, Taichenachev A V, et al. Measurements of the magnetic field vector using multiple electromagnetically induced transparency resonances in Rb vapor. Physical Review A, 2011, 83(1):015801.

[17] 张军海, 王平稳, 韩煜, 等. 共振线极化光实现原子矢量磁力仪的理论研究. 物理学报, 2018, 67(6): 060701.

[18] Lenci L, Auyuanet A, Barreiro S, et al. Vectorial atomic magnetometer based in coherent transients of laser absorption in Rb vapor. Physical Review A, 2014, 89(4): 043836.

[19] Bronaugh E L. Helmholtz coils for calibration of probes and sensors: limits of agnetic field accuracy and uniformity. Proceedings of IEEE International Symposium on Electromagnetic Compatibility, 1995: 72-76.

[20] Aleksandrov E B, Vershovskii A K. Modern radio-optical methods in quantum magnetometry. Physics-Uspekhi, 2009, 52(6):573.

第 6 章   磁力仪的量子极限噪声

本章尝试对原子磁力仪的量子极限噪声进行系统分析，采用统一方法，得出不同类型原子磁力仪的量子噪声。首先，通过对文献的整理和分析，按照待测磁场在 Bloch 方程中的位置和形式，将原子磁力仪分为三类，分别推导不同种类原子磁力仪的转换系数。然后，基于该转换系数和自旋量子噪声，得出不同原子磁力仪的等效量子磁噪声。在原子磁力仪量子极限噪声中，横向弛豫时间 T_2 是一个至关重要的参数，但在不同工作条件下 T_2 的计算方法不同，本章也对此进行了分析讨论。

6.1   三种原子磁力仪

原子磁力仪可以有很多种分类方法，比如根据所采用的原子，可以分为铯原子磁力仪、铷原子磁力仪和钾原子磁力仪等；根据消除侧壁碰撞弛豫的方法，可以分为抗弛豫镀膜原子磁力仪和缓冲气体原子磁力仪等；根据测量磁场的类型，可以分为标量原子磁力仪和矢量原子磁力仪等。本章根据待测磁场在 Bloch 方程中的位置和形式，对原子磁力仪进行分类。这样分类的好处是实现了原子磁力仪种类与转换系数之间的对应，有助于深入理解原子磁力仪的工作原理。基于这种分类方法，可以看到一些貌似不同的原子磁力仪之间的本质联系，比如射频（radio frequency，RF）磁力仪和 SERF 磁力仪。

Bloch 方程是原子磁力仪的唯象动力学模型，形式如式（6.1）所示。

$$\frac{\mathrm{d}\boldsymbol{P}}{\mathrm{d}t} = \gamma \boldsymbol{P} \times \boldsymbol{B} + \frac{R_p}{q}(\boldsymbol{s} - \boldsymbol{P}) - \frac{R_1, R_2}{q}\boldsymbol{P} \tag{6.1}$$

式中，$\boldsymbol{P}$ 为自旋极化矢量，$q=2I+1$ 为核自旋引起的减速因子；$\gamma = \gamma^e/q$ 为旋磁比，R_1 和 R_2 分别为横向弛豫率和纵向弛豫率；R_p 为激光抽运率，后续也被称作由抽运光引起的弛豫率。$\boldsymbol{B}$ 由 B_x、B_y、B_z 和 $B_1\sin(\omega t)$ 组成，这四个参数以及标量场 B_0 都会影响自旋极化矢量的演化，因此理论上都可以作为待测量。

之所以出现 $B_1\sin(\omega t)$ 的形式，是因为当 $B_1\sin(\omega t)$ 中的 $\omega = \gamma B_0$ 时，极化矢量 $\boldsymbol{P}$ 会产生与 ω 同频的共振，共振的幅值与 B_1 相关。因此，基于这一共振可以较容易地实现对 B_1 和 B_0 的测量。这就是后面将会深入讨论的 B_1 型原子磁力仪和 B_0 型原子磁力仪。B_1 型原子磁力仪包括射频磁力仪[1,2]和 SERF 磁力仪。B_0 型原子磁力仪有 M_x 磁力仪[3]、M_z 磁力仪[4,5]和 Bell-Bloom 磁力仪[6,7]。第三种原子磁力仪测量 B_x、B_y 和 B_z[8-12]，也就是通常所说的矢量原子磁力仪。

6.2　转　换　系　数

不同的原子磁力仪，其自旋投影噪声和光子散粒噪声的根源是一样的，即海森堡测不准原理导致自旋极化矢量 $\boldsymbol{P}$ 的不确定。但是对于不同的原子磁力仪，自旋极化矢量 $\boldsymbol{P}$ 与磁场之间的转换系数不同，因此对应的量子磁噪声也不同。具体如下：

$$\delta B = \frac{\delta P_i}{|\mathrm{d}P_i / \mathrm{d}B|} \tag{6.2}$$

式中，δB 代表量子磁噪声；δP_i 代表测量轴上原子自旋极化矢量分量的不确定度；而 $\mathrm{d}P_i/\mathrm{d}B$ 代表原子磁力仪自旋极化矢量和磁感应强度之间的转换系数。本节的内容主要是推导不同原子磁力仪的转换系数，从而为后续量子磁噪声 δB 的分析做准备。

6.2.1　B_1 型原子磁力仪

如前所述，当 $B_1 \sin(\omega t)$ 中的 $\omega = \gamma B_0$ 时，自旋极化矢量 $\boldsymbol{P}$ 会产生与 ω 同频的共振，共振的幅值与 B_1 相关。因此，实际测量中，一般需要将磁场 B_0 固定在共振点上，通过测量共振信号的幅值得到 B_1 的大小。

1. RF 原子磁力仪

在原子磁力仪领域，有一个约定俗成的坐标轴定义，即抽运光沿 z 轴，探测光（如果有的话）沿 x 轴，与两束光垂直的方向定义为 y 轴。如无特殊说明，本章采用上述的坐标轴定义。

RF 磁力仪中需要测量的量是 B_1，磁力仪中能够直接测量的是沿探测光方向的自旋极化矢量分量 P_x。$\mathrm{d}P_x/\mathrm{d}B_1$ 为转换系数。为简化推导，将 B_0 固定在 z 轴，B_1 固定在 y 轴。考虑绕 z 轴以 ω 为转动频率的旋转坐标系（x', y', z'）。由于 RF 磁力仪一般设置 $\omega = \gamma B_0$，因此在旋转坐标系下有 $B_{x'} = 0$，$B_{y'} = B_1/2$（忽略远离共振的旋转分量），$B_{z'} = 0$，代入 Bloch 方程，可得 $P_{x'}$ 与 B_1 的关系如下：

$$P_{x'} = \frac{qR_p}{2(R_1 + R_p)(R_2 + R_p)} \gamma B_1 \tag{6.3}$$

式中可优化的参数是 R_p，将优化值代入，同时考虑 $R_2 \gg R_1$ 和 $T_2 = q/(R_2 + R_p)$，可得到 RF 原子磁力仪的最优转换系数为

$$\left.\frac{\mathrm{d}P_x}{\mathrm{d}B_1}\right|_{\max} = \frac{1}{2}\gamma T_2 \qquad (6.4)$$

该最优值发生在 $R_p = \sqrt{R_1 R_2}$ 处。因为测量过程中对实验室坐标系下的信号要进行解调,于是式(6.4)中直接用 P_x 替换 $P_x{}'$[13]。

传统上测量 RF 振荡磁场的方法是利用感应线圈,然而感应线圈测量的灵敏度与信号频率成正比,因此测量频率低于 10MHz 的射频信号难以获得较高的灵敏度。RF 原子磁力仪将碱金属原子的塞曼共振频率调节到射频场频率,能够有效弥补磁感应测量这一频段信号上的不足,可应用于低场核磁共振等领域[2,14,15]。

2. SERF 原子磁力仪

SERF 原子磁力仪可以理解为 $B_0 \approx 0$ 的 B_1 磁力仪,有些文献也将其称为零磁共振磁力仪[16]。此时旋转坐标系与实验室坐标系重合,$B_x = B_x' = 0$,$B_y = B_y' = B_1$,$B_z = B_z' = 0$,代入 Bloch 方程,可得与 RF 磁力仪类似的结果。同时,考虑 $R_2 \approx R_1$ 和 $T_2 = q/(R_2 + R_p)$,可得到 SERF 原子磁力仪的最优转换系数也为 $\gamma T_2/2$。该最优值发生在 $R_p = R_2$ 处。

此处需要指出,RF 磁力仪和 SERF 磁力仪最优转换系数形式完全相同的原因在于,前者忽略旋转坐标系下 B_1 的非谐振分量和 R_1 的影响,后者则对此两者均予以保留。

2002 年普林斯顿大学 Romalis 教授发表了首篇 SERF 原子磁力仪的论文[17]。目前 SERF 磁力仪已被广泛地研究和应用[17-24]。对 SERF 原子磁力仪测量方案的深入讨论可参考文献[4]和文献[25]。

6.2.2　B_0 型原子磁力仪

B_0 型原子磁力仪的基本动力学模型与 B_1 型原子磁力仪类似,不同之处是 B_1 型原子磁力仪固定 B_0 测量 B_1,而 B_0 型原子磁力仪则恰恰相反。常见的 B_0 型原子磁力仪包括 M_x 磁力仪、M_z 磁力仪和 Bell-Bloom 磁力仪,其中 Bell-Bloom 磁力仪用脉冲光取代 B_1 形成共振。以下对这三种磁力仪分别进行叙述。

1. M_x 原子磁力仪

文献[26]中对 M_x 原子磁力仪的转换系数有具体的分析,并且对 B_1 进行了优化,得出 $B_1 = 1/\left(\gamma\sqrt{T_1 T_2}\right)$ 时转换系数具有最大值:

$$\left.\frac{\mathrm{d}P_x}{\mathrm{d}B_0}\right|_{\max} = \gamma P_0 T_2^{3/2}/(2T_1^{1/2}) \qquad (6.5)$$

上述的推导过程中将总自旋极化矢量值 P_0 作为常量,而实际中 P_0 与抽运率 R_p 有关。如果同时对 B_1 和 R_p 做优化,并考虑 $R_2 \gg R_1$ 和 $T_2 = q/(R_2 + R_p)$,可以得到

M_x 原子磁力仪的最优转换系数为

$$\left.\frac{dP_x}{dB_0}\right|_{\max} = \frac{1}{2\sqrt{3}}\gamma T_2 \tag{6.6}$$

该最优值发生在 $B_1 \simeq \frac{\sqrt{3}}{2}\frac{R_2}{q\gamma}$ 和 $R_p \simeq \frac{1}{2}R_2$ 处。

2. M_z 原子磁力仪

M_z 原子磁力仪的扫场曲线是吸收型曲线，共振磁场处的信号最大，为了使共振磁场处信号过零，通常需要对磁场进行调制和解调。从优化的角度看，采用方波调制，且当调制场幅值为半高宽时，也就是左右调制点分别对应正最大斜率点和负最大斜率点时具有最大的输入输出转换系数。以此为基础进一步对 B_1 和 R_p 做优化，并考虑 $R_2 \gg R_1$ 和 $T_2 = q/(R_2+R_p)$，可以得出最优转换系数为

$$\left.\frac{dP_x}{dB_0}\right|_{\max} = \frac{1}{4}\gamma T_2 \tag{6.7}$$

该最优值发生在 $B_1 \simeq \sqrt{2}\,\frac{R_1^{\frac{1}{4}}R_2^{\frac{3}{4}}}{q\gamma}$ 和 $R_p = \sqrt{R_1 R_2}$ 处。如果考虑双边效应，该系数理论上还可以增大一倍。关于 M_x 和 M_z 原子磁力仪各自的优缺点，文献[4]中有较详细的描述。

3. Bell-Bloom 原子磁力仪

Bell-Bloom 原子磁力仪通过光学调制来检测共振，待测磁场与自旋极化矢量分量之间的转换系数为

$$\frac{dP_x}{dB_0} = \frac{qR_p\gamma}{\left(R_2+R_p\right)^2} \tag{6.8}$$

在 $R_p=R_2$ 处取最大值，同时考虑 $T_2 = q/(R_2+R_p)$，可以得出最优转换系数为

$$\left.\frac{dP_x}{dB_0}\right|_{\max} = \frac{1}{2}\gamma T_2 \tag{6.9}$$

此处需要注意，这里的 R_p 是旋转光对应的抽运率，在试验中通常采用方波脉冲，此时需要计算方波的同频正弦谐波分量，并考虑旋转波近似过程中幅值的减半效应。这一点与 M_x 和 M_z 磁力仪中的连续光的 R_p 略有不同。

6.2.3　B_x、B_y 和 B_z 型原子磁力仪

B_x、B_y 和 B_z 型原子磁力仪也就是通常所说的三轴矢量原子磁力仪，它可以提

供待测磁场的方向和三轴磁场信息。虽然从 Bloch 方程看，B_x、B_y 和 B_z 都会对可测量参数 P_x 产生影响，但是与测量 B_0 和 B_1 相比，从一个信号中获得三个待测量具有更大的难度。本节对目前常见的 7 种三轴矢量磁场测量方法进行了分析和整理。

1. 磁场扫描三轴原子磁力仪

磁场扫描法是最早的三轴原子磁场测量方法，20 世纪 60 年代由美国海岸和大地测量局的 Alldredge 等提出并应用于地磁监测台站[27,28]。该方法需要两个相互正交的磁线圈，通过线圈产生均匀磁场并进行磁场扫描，同时采用标量磁力仪测量总磁场的大小。x 方向扫描时总磁场的大小可表示为

$$B_0 = \sqrt{(B_x + B_s)^2 + B_y^2 + B_z^2} \tag{6.10}$$

式中，B_0 为总磁场；B_x、B_y 和 B_z 分别为三分量待测磁场；B_s 为线圈产生的扫描磁场。当 B_x 与 B_s 相互抵消时，总磁场达到最小值。

当总磁场 B_0 的值最小时，线圈产生的磁场必定与该方向的外磁场大小相等、方向相反，即 $B_x = -B_s$。依次测量两个正交方向的磁场。最后，撤掉线圈上的电流，测量总场的大小，从而获得第三个方向磁场的大小。

该方法的优点是原理和测试装备简单，只需在原有标量磁力仪的基础上增加两对正交磁线圈即可。缺点是测量不连续，并且当 B_s 接近待测方向磁场时，测量的敏感度急剧下降。

该种原子磁力仪的转换系数如下：

$$\frac{\mathrm{d}P_x}{\mathrm{d}B_i} = \frac{\mathrm{d}P_x}{\mathrm{d}B_0}\frac{\mathrm{d}B_0}{\mathrm{d}B_i} \tag{6.11}$$

式中，右面第一项由所采用的 B_0 测量方式决定，第二项 $\dfrac{\mathrm{d}B_0}{\mathrm{d}B_i} = \dfrac{\mathrm{d}B_0}{\mathrm{d}B_{x,y,z}} = \dfrac{B_{x,y,z} + B_s}{B_0}$。

2. 磁场旋转调制三轴原子磁力仪

旋转磁场调制三轴原子磁力仪由俄罗斯科学院的 Alexandrov 等于 2004 年提出[8,9]。该方法需要预先大致知道总场的方向，然后在垂直于总场的平面内施加一个旋转磁场。如果此时总场与旋转磁场严格垂直，则测量总场的输出不随时间而改变，始终保持 $\sqrt{B_0^2 + B_r^2}$ 不变，如图 6.1(a)所示。如果此时存在横向磁场 B_{tr}，则测量总场的最大值为 $\sqrt{B_0^2 + (B_r + B_{\mathrm{tr}})^2}$，最小值为 $\sqrt{B_0^2 + (B_r - B_{\mathrm{tr}})^2}$，总场测量输出在最大值和最小值之间振荡，频率与旋转场的频率相同，相位由横向磁场的方向决定，如图 6.1 (b) 所示。通过锁相解调，可以同时输出两个正交的横向磁场大小。由于开环情况下线性区域较小，因此实际的传感器中一般需要通过闭环补偿横向磁场。

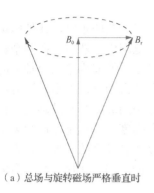
（a）总场与旋转磁场严格垂直时

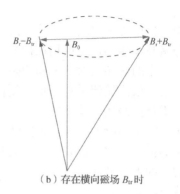
（b）存在横向磁场 B_{tr} 时

图 6.1　磁场旋转调制法的原理图

与磁场扫描三轴磁力仪相比，磁场旋转调制三轴磁力仪有几个方面的好处：一是能够实现连续输出；二是对待测磁场进行了调制；三是避开了对横向磁场不敏感的工作点。缺点是需要增加旋转场，使硬件的开销增大。

旋转磁场调制三轴原子磁力仪的纵向转换系数由所采用的 B_0 磁力仪决定，横向转换系数为

$$\frac{\mathrm{d}P_x}{\mathrm{d}B_{tr}} = \frac{\mathrm{d}P_x}{\mathrm{d}B_{total}}\frac{\mathrm{d}B_{total}}{\mathrm{d}B_{tr}} \tag{6.12}$$

式中，B_{total} 为总磁场；当 $B_r \ll B_0$ 时，等号右边的第二项约等于 B_r/B_0。

3. 磁场轮流抵消三轴原子磁力仪

磁场轮流抵消三轴原子磁力仪由俄罗斯科学院的 Vershovskii 于 2006 年独立提出[29,30]，其主要目的是提高三轴磁场测量的准确度。在前述磁场扫描法和磁场旋转调制法中，需要施加外磁场，因此测量的准确度通常决定于所加外磁场的准确度。为了使测量准确度决定于磁共振标量测量的准确度，Vershovskii 设计了如图 6.2 所示的测量方法。

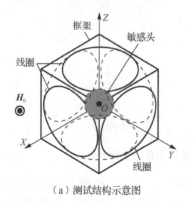
（a）测试结构示意图

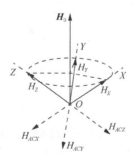
（b）外磁场及其三个正交分量以及三轴线圈
产生磁场的示意图

图 6.2　磁场轮流抵消法的原理图[29]

首先，根据外加磁场的大致方向，调整三轴正交线圈的角度，使外磁场在三轴上的分量基本相同，保证均在标量磁力仪的测量范围内。然后，在两个轴上施加电流，产生的磁场与对应方向的磁场抵消，此时测量值即为第三个轴上的磁场大小。之后，依次轮流进行测量，便得到三轴方向各自的磁场大小。该方法的巧妙之处在于补偿磁场与待测磁场垂直，因此补偿磁场的波动和不准确度对待测磁场的影响是一个高阶的小量。该方法具有较高的准确度，缺点是非连续测量，另外与磁场扫描法相比，需要多次轮流测试后才能收敛到准确的结果。该方法利用标量磁力仪的测量方法直接测量三轴方向的磁场分量，因此转换系数与所采用的标量测量方法完全相同。

4. 磁场投影三轴原子磁力仪

磁场投影法是由美国伯克利大学的 Patton 等于2014年提出的一种测量方法[16]。与前几个方法类似，该方法也需要进行标量磁场的测量。但与磁场扫描法、磁场旋转调制法和磁场轮流抵消法不同，该方法不需要对外界磁场进行任何补偿，同时可直接输出磁场的方向信息。二维情况下磁场投影法的原理示意图见图6.3。采用两个正交的线圈产生正交的磁场 B_{xm} 和 B_{ym}，有无 B_{xm} 情况下总磁场 B_0 的变化 $\Delta B_{0xm} \approx B_{xm}\cos\theta$，有无 B_{ym} 情况下总磁场 B_0 的变化 $\Delta B_{0ym} \approx B_{ym}\sin\theta$。设置 $B_{xm}=B_{ym}$，则可以通过对 ΔB_{0xm} 和 ΔB_{0ym} 的测量得到总磁场的方位角 $\theta = \arctan(\Delta B_{0xm}/\Delta B_{0ym})$。

为了提高信噪比，并同时输出 ΔB_{0xm} 和 ΔB_{0ym}，需要对 B_{xm} 和 B_{ym} 进行不同频率的调制，再对 B_0 的测量信号进行对应频率的解调，从而测得 ΔB_{0xm} 和 ΔB_{0ym}。三维测量中采用的方法与二维测量完全相同，读者可自行推广，此处不做过多的分析。

在 Patton 等的报道中，采用光位移虚拟磁场代替线圈磁场，其目的是实现全光矢量探测。从三轴矢量测量方法的角度，与采用线圈产生磁场的效果完全相同。

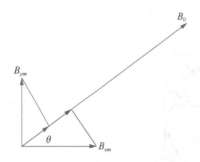

图 6.3　二维情况下磁场投影法的原理示意图

该方法与磁场轮流抵消法有共同的优点，就是不需要对待测方向的磁场进行补偿，因此理论上具有较高的准确度。其缺点与磁场扫描法类似，就是当总磁场与调制方向接近垂直时，对该方向的测量不敏感。另外，该方法需要两个正交方向引入相等幅度的振荡磁场，这对硬件的一致性提出了较高的要求。

5. 磁场交叉调制三轴原子磁力仪

交叉调制法是由美国普林斯顿大学 Seltzer 等于 2004 年提出的一种测量方法[31]，在 SERF 态下，输入输出关系如式（6.13）所示：

$$P_x = \frac{qR_p\gamma\left[-B_y\left(R_2+R_p\right)+B_xB_zq\gamma\right]}{\left(R_2+R_p\right)\left(R_2^2+2R_2R_p+R_p^2+B_0^2q^2\gamma^2\right)} \tag{6.13}$$

式中，P_x 为沿 x 方向的自旋极化矢量分量；γ 为旋磁比；R_p 和 R_2 分别为抽运率和横向弛豫率。右边分子部分的第二项 B_xB_z 包含抽运光方向磁场和检测光方向磁场的相乘项，可以在抽运光和检测光方向施加不同频率的调制磁场，得

$$B_xB_z = B_xB_{zm}\sin(\omega_{zm}t) + B_zB_{xm}\sin(\omega_{xm}t) + B_xB_z + B_{xm}B_{zm}\sin(\omega_{zm}t)\sin(\omega_{xm}t) \tag{6.14}$$

式中，B_{xm} 和 ω_{xm} 分别为沿 x 方向调制磁场的大小和频率；B_{zm} 和 ω_{zm} 分别为沿 z 方向调制磁场的大小和频率。

从式（6.14）中等号右边的第一项和第二项不难看出，采用 $B_{zm}\sin(\omega_{zm}t)$ 和 $B_{xm}\sin(\omega_{xm}t)$ 作为参考信号对被检测信号 P_x 进行锁相解调，就可以得到 B_x 和 B_z 的信息。也就是说，基于 z 方向的磁场调制信号来测量 x 方向的磁场，基于 x 方向的磁场调制信号来测量 z 方向的磁场，因此被称作磁场交叉调制。该方法的光路示意图如图 6.4 所示。

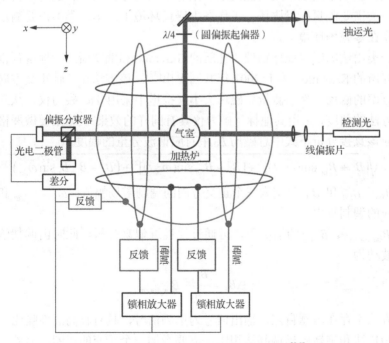

图 6.4　磁场交叉调制法光路结构示意图[25]

　　该方法不需要测量总场，工作在 SERF 态下，从而大幅延长了横向弛豫时间 T_2。该方法的缺点是在非屏蔽环境下测量时需要线圈将外磁场完全补偿，这与旋转磁场调制法中只补偿横向微小磁场不同。另外，与磁场轮流抵消法相比，补偿磁场就是待测磁场，因此补偿磁场的准确度和稳定性直接影响测量的准确度和稳定性。

　　T_2 的大幅延长导致 SERF 磁力仪的测量范围变窄，因此在地磁环境下很难通过原子磁力仪自身找到零磁场工作点，普林斯顿大学采用额外的磁通门磁力仪来进行零磁寻找[25]，这样无疑增加了硬件的成本、体积和功耗。北京航空航天大学的董海峰等曾经提出一种利用原子磁力仪自身信号进行零磁场智能收敛的方法，解决了这一问题[32]。

　　式（6.13）中分母里的 B_0 也包括 B_m，因此磁场交叉调制三轴原子磁力仪可以优化的参数包括调制磁场幅度 B_m 和抽运率 R_p，优化后 x 和 z 方向的转换系数为

$$\frac{\mathrm{d}P_x}{\mathrm{d}B_{x,z}} = \frac{\sqrt{2}}{4}\gamma T_2 \tag{6.15}$$

而 y 方向的测量转换系数与 SERF 磁力仪完全相同。

6. 磁场分立调制三轴原子磁力仪

　　分立调制法采用三个正交磁线圈产生三个正交方向的调制磁场，其中包括两类：第一类需要测量标量磁场，工作在大磁场环境下；第二类不需要测量标量磁场，工作在零磁环境下。

　　第一类由法国巴黎地球物理研究所的 Gravrand 和俄罗斯国际地震预报理论与数学研究所的 Khokhlov 等于 2001 年共同提出[33]。该方法在三轴正交方向施加三个不同频率的磁场，然后测量总磁场大小（报道中采用 He 磁力仪，从三轴矢量化测量方法的角度，采用其他标量磁力仪有同样的效果）。如果要做严格的数学推导，应该直接分析下式中总磁场 B_0 中对应谐波分量的幅度。

$$B_0 = \sqrt{[B_x + B_{xm}\sin(\omega_{xm}t)]^2 + [B_y + B_{ym}\sin(\omega_{ym}t)]^2 + (B_z + B_{zm}B_z\sin\omega_{zm})^2} \tag{6.16}$$

式中，B_{xm}、B_{ym} 和 B_{zm} 分别为三个正交方向的调制磁场幅值；ω_{xm}、ω_{ym} 和 ω_{zm} 分别为对应的调制频率。

　　在 $B_{xm,ym,zm} \ll B_{x,y,z}$ 的情况下，可通过线性近似来分析，此时由调制信号引起总磁场波动为

$$\Delta B_0 = \frac{B_{x,y,z}}{B_0}B_{xm,ym,zm} \tag{6.17}$$

　　该方法不存在敏感盲点，输出信号为单频信号，具有较高的性噪比。缺点是与磁场扫描法和旋转磁场调制法相比，需要增加一个正交的线圈。另外，该方法

的调制磁场幅值太大后非线性增强，调制磁场幅值限制了最终输出信号的强度。

该方法 $B_{x,y,z}$ 通过式（6.17）传递到 ΔB_0，进而引起 P_x 的变化，因此其转换系数为

$$\frac{\mathrm{d}P_x}{\mathrm{d}B_{x,y,z}} = \frac{\mathrm{d}P_x}{\mathrm{d}B_0} \frac{B_{xm,ym,zm}}{B_0} \tag{6.18}$$

式中，等号右边第一项由所采用的标量磁力仪决定。

第二类由北京航空航天大学董海峰等于 2012 年提出[23]，其光路结构如图 6.5 所示。在最初提出该方法时，同样在三个正交方向施加不同频率的磁场，如图 6.5(a) 所示，但是并不直接测量总磁场的大小，而是测量通过铯原子气室后的抽运光幅度，从中解调出三轴磁场的信息。该方法的被检测信号为

$$P_z \propto \frac{B_z{}^2 + \left(1/\gamma T_2\right)^2}{B_x{}^2 + B_y{}^2 + B_z{}^2 + \left(1/\gamma T_2\right)^2} \tag{6.19}$$

式中，P_z 为沿抽运光方向的自旋极化矢量分量。

当调制磁场较小时，可按照一阶 Taylor 展开近似得

$$\Delta P_z \propto \frac{2\left[B_z{}^2 + \left(1/\gamma T_2\right)^2\right]}{\left[B_x{}^2 + B_y{}^2 + B_z{}^2 + \left(1/\gamma T_2\right)^2\right]^2} B_x + \frac{2\left[B_z{}^2 + \left(1/\gamma T_2\right)^2\right]}{\left[B_x{}^2 + B_y{}^2 + B_z{}^2 + \left(1/\gamma T_2\right)^2\right]^2} B_y$$

$$+ \frac{2\left[B_x{}^2 + B_y{}^2\right]}{\left[B_x{}^2 + B_y{}^2 + B_z{}^2 + \left(1/\gamma T_2\right)^2\right]^2} B_z \tag{6.20}$$

从上式可以看出，当磁场接近零磁场时，沿抽运光方向（z 向）的信号接近于零，无法正常测量。2016 年，董海峰研究小组又针对上述问题提出了改进的方案，将三轴调制磁场中与抽运光方向垂直的两轴磁场由不同频率改为相同频率、固定 $\pi/2$ 相位差，如图 6.5（b）所示，从而保证式（6.20）中第三项的分子始终为一定值，消除了前述零场下抽运光方向无测量信号的问题[12]。

该方法不直接测量总场，因此可工作在微弱磁场环境下，再通过升高气室温度就可将原子置于无自旋交换弛豫态下，从而大幅延长横向弛豫时间，提高输出信号。与同样可在零场下工作的磁场交叉调制法相比，该方法的优点是只需要一束激光，因此体积、功耗和可靠性均会得到相应的改善。

第二类分立调制方法中 x 和 y 方向完全对称，最优转换系数为

$$\frac{\mathrm{d}P_x}{\mathrm{d}B_{x,y}} = \frac{3\sqrt{3}}{8}\gamma T_2 \tag{6.21}$$

z 方向的转换系数为

$$\frac{\mathrm{d}P_x}{\mathrm{d}B_z} = \frac{9}{64}\gamma T_2 \tag{6.22}$$

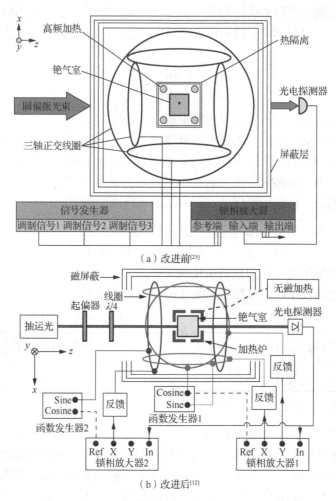

（a）改进前[23]

（b）改进后[12]

图6.5　第二类磁场分立调制法的光路结构图

7. 自旋进动调制三轴原子磁力仪

自旋进动调制法最早由英国雷丁大学的 Fairweather 等于 1972 年提出[10]，该方法的示意图如图 6.6 所示。初始配置中抽运光方向与磁场方向相同，检测光方向与磁场方向垂直。采用与磁场垂直的射频信号使自旋极化方向发生偏转，从而产生绕磁场方向的进动。检测光的信号使射频信号的频率与磁场对应的拉莫尔进动频率保持共振。此时，如果磁场方向不发生变化，则抽运光感受不到自旋极化的进动；如果出现与磁场原始方向垂直的横向磁场，则自旋进动的旋转面就会发生偏转，从而使自旋极化矢量在抽运光方向产生交变的投影，其频率与自旋进动的频率完全相同。这一由自旋进动和横向磁场引起的交变投影会调制抽运光输出的幅值和相位。抽运光信号输出的幅值决定于横向磁场的大小，相位决定于横向磁场的方向。因此，通过锁相放大器解调抽运光信号，就可以得到两个正交的横向磁场值，这一点与磁场旋转调制法类似。同样，由于横向磁场测量的线性范围较小，因此实际使用中，通常采用闭环线圈补偿横向磁场，这就导致补偿磁场的准确度会传递到最终测量的准确度上。

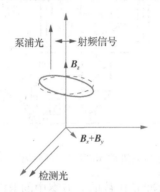

图 6.6　自旋进动调制法的光路结构和原理示意图

　　从提高测量准确度的思路出发，俄罗斯科学院的 Vershovskii 提出了改进的方案[34]。在该方案中，取消了对横向磁场的闭环补偿，基于开环信号调整抽运光的方向，使之与总磁场保持一致。虽然经过该文献的改进，不需要进行横向磁场的补偿，但是上述方法中仍然需要施加 RF 信号，因此并不是一种全光的探测，无法应用于要求全光探测的环境。

　　为了实现全光探测，Afach 等于 2015 年提出了进一步的改进方案[35]。该方案采用 π/2 脉冲 RF 信号取代了之前的连续 RF 信号，然后对脉冲后的自由进动信号进行记录和分析。由于在有效测量时间内没有任何外加磁信号，因此可以认为是一种全光矢量原子磁力仪。

　　董海峰研究小组也于 2015 年提出另外一种全光自旋进动调制方法[11]，该方法不需要 RF 信号，结构简单，基本光路结构和原理示意如图 6.7 所示。初始配置中检测光与磁场平行，抽运光采用 AOM 进行调制，通过抽运光的输出信号将 AOM 的输出频率锁定在磁场对应的共振频率上。在没有横向磁场的情况下，检测光感受不到自旋进动。当存在横向磁场时，进动面发生偏转，此时检测光会被自旋进动调制，调制的幅值和相位分别与横向磁场的大小和方向有关，通过锁相解调可分离出两个相互正交的横向磁场。

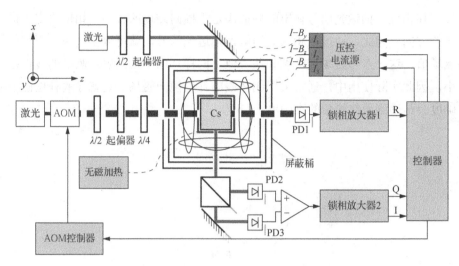

图 6.7　全光自旋进动调制法的光路结构与原理示意图

　　该方法的本质是采用脉冲光代替前一方案中的 RF 信号，以此实现全光检测。另外，研究中也发现，该方法有一个与众不同的特性，就是在满极化或自旋极化矢量恒定的情况下，自旋投影噪声与 $\sqrt{T_2}$ 成正比，这一点与其他原子磁力仪正好相反。利用这一特性，有可能直接观测到原子磁力仪中的自旋投影噪声，这是之前包括超高灵敏度 SERF 磁力仪在内的其他原子磁力仪所没有实现的[13]。

　　这种类型的原子磁力仪在主磁场方向转换系数由标量磁力仪决定，在满极化情况下横向的转换系数为

$$\frac{\mathrm{d}P_x}{\mathrm{d}B_t} = \frac{1}{B_0} \qquad (6.23)$$

　　文献[36]是对三轴磁力仪的全面综述，可供读者参考。最近几年来，又出现了一些新型的三轴矢量测量方案，有兴趣的读者可参阅文献[37]～文献[39]。

6.3　自旋投影噪声

　　为了叙述方便，此处重新写出式（6.2），并将下标置换为测量方向 x，$\delta B = \delta P_x / |\mathrm{d}P_x/\mathrm{d}B|$。上一节中讨论了不同原子磁力仪的转换系数 $\mathrm{d}P_x/\mathrm{d}B$，要想得到磁量子噪声 δB，还需要知道自旋极化矢量的量子噪声 δP_x。

　　根据量子力学的基本理论，对自旋的测量受海森堡测不准原理的限制，自旋投影噪声即来源于此。由海森堡测不准原理可知：一个原子的总自旋角动量为 F（包括电子自旋角动量 S，核子自旋角动量 I 和轨道角动量 L，对于原子磁力仪中

常用的原子，其最外层价电子为 s 轨道，基态原子轨道角动量 $L=0$，$F=I+S$），F 在各个方向的投影具有不确定性关系 $\delta F_x \delta F_y \geqslant |F_z|/2$，其中 δF_x 和 δF_y 分别为 F 在 x 和 y 方向分量的不确定度（即测量方差）。若不考虑自旋压缩，可认为 $\delta F_x = \delta F_y$，则 $\delta F_x \geqslant \sqrt{\dfrac{F_z}{2}}$。后文只对等号进行分析，即 $\delta F_x = \sqrt{\dfrac{F_z}{2}}$。

下面，考虑对 N 个原子进行不相关测量的情况。一次测量的结果是 N 个原子共同作用的结果，也就是对各个原子测量结果的平均，因此 F_x 的测量方差将变为

$$\delta F_x = \sqrt{\frac{F_z}{2N}} \qquad (6.24)$$

如果测量次数大于一次，对多次测量取平均，可进一步减小测量方差。但是，如果测量间隔时间小于退相干时间常数 T_2，则各次测量之间具有相关性，多次测量并不能减小方差。因此，多次测量之后的方差与测量时间 t 和 T_2 有关

$$\langle \delta F_x \rangle_t = \delta F_x [(2/t) \int_0^t (1-\tau/t) K(\tau) d\tau]^{1/2} \qquad (6.25)$$

式中，$K(\tau)=\exp(-\tau/T_2)$ 为自旋相干函数；T_2 为自旋退相干时间常数，也就是实际测量中的横向弛豫时间常数。若取 $t \gg T_2$，式（6.25）可化简为

$$\langle \delta F_x \rangle_t = \delta F_x \sqrt{\frac{1}{t/2T_2}} \qquad (6.26)$$

上式可理解为在测量时间 t 内有 $t/2T_2$ 次不相关测量，将式（6.24）代入式（6.26）可得

$$\langle \delta F_x \rangle_t = \sqrt{\frac{F_z T_2}{Nt}} \qquad (6.27)$$

由于电子的角动量与核子角动量的耦合，实际观测到的角动量为耦合后的角动量 F，而不是电子的角动量 S。由于 F 大于 S，因此实际观测到的旋磁比要小于纯电子的旋磁比，也就是说在同样的磁场下，拉莫尔进动频率会变慢。通常采用减速因子对这种"小于"进行量化表征。减速因子 q 等于 F 与 S 的比值，即 $q=F_z/S_z \approx 2F_z \approx 2F$。将 $q \approx 2F$ 代入式（6.27）可得

$$\langle \delta F_x \rangle_t = \sqrt{\frac{qT_2}{N}} \cdot \sqrt{BW} \qquad (6.28)$$

式中，$BW=1/2t$。对于基态原子，轨道角动量为零，$F=I \pm S$。又由于测量中常抽运到 $F=I+S$ 的态上，因此 $q \approx 2F=2I+1$。

对于 SERF 原子磁力仪而言，由于存在快速的自旋交换碰撞，因此除了核自旋造成的减速外，还存在快速变换进动方向造成的减速。这种减速效应与自旋极化矢量值有关，当自旋极化矢量值接近 1 时，自旋交换碰撞率会急剧减小。此时的减速效应又回到主要由核自旋决定的情形。SERF 态下总减速因子 q 与自旋极化矢量 $\boldsymbol{P}$ 的关系如表 6.1 所示。

表 6.1　SERF 态下减速因子与自旋极化矢量的关系[25]

I	$q(\boldsymbol{P})$	$q_{P=0}$	$q_{P=1}$
3/2	$\dfrac{6+2\boldsymbol{P}^2}{1+\boldsymbol{P}^2}$	6	4
5/2	$\dfrac{38+52\boldsymbol{P}^2+6\boldsymbol{P}^4}{3+10\boldsymbol{P}^2+3\boldsymbol{P}^4}$	38/3	6
7/2	$\dfrac{22+70\boldsymbol{P}^2+34\boldsymbol{P}^4 2\boldsymbol{P}^6}{1+7\boldsymbol{P}^2+7\boldsymbol{P}^4+\boldsymbol{P}^6}$	22	8

考虑到量子投影噪声为白噪声，因此其噪声谱的幅值为

$$\left\langle \delta F_x \right\rangle_{t,\mathrm{rms}} = \sqrt{\frac{qT_2}{N}} \tag{6.29}$$

在实际测量中，输出信号总是与确定方向自旋极化矢量 $\boldsymbol{P}$ 的分量（通常为 P_x）相关，由式 $P_x/P_z=F_x/F_z$ 可以得到 $P_x=F_xP_z/F_z\approx 2F_xP_z/q\approx 2F_x/q$。结合式（6.29）可得

$$\delta P_{x,\mathrm{rms}} = \frac{2}{q}\left\langle \delta F_x \right\rangle_{t,\mathrm{rms}} = 2\sqrt{\frac{T_2}{qN}} \tag{6.30}$$

将式（6.30）和自旋极化矢量分量 P_x 与磁场 B 之间的转换系数 $\mathrm{d}P_x/\mathrm{d}B$ 代入式（6.2），就可以得出磁场的自旋投影噪声谱的幅值。

以上内容为自旋投影噪声的分析基础，由于工作机理不同，不同原子磁力仪的转换系数 $\mathrm{d}P_x/\mathrm{d}B$ 具有差异，因此 δB_{spm} 也不同。几种典型原子磁力仪的自旋投影噪声表达式如表 6.2 所示。

表 6.2　几种典型原子磁力仪的自旋投影噪声

磁力仪类型		转换系数	δB_{spm}
B_1	RF	$\dfrac{1}{2}\gamma T_2$	$\dfrac{4}{\gamma\sqrt{qNT_2}}$
	SERF	$\dfrac{1}{2}\gamma T_2$	$\dfrac{4}{\gamma\sqrt{qNT_2}}$
B_0	M_x	$\dfrac{1}{2\sqrt{3}}\gamma T_2$	$\dfrac{4\sqrt{3}}{\gamma\sqrt{qNT_2}}$
	M_z	$\dfrac{1}{4}\gamma T_2$	$\dfrac{8}{\gamma\sqrt{qNT_2}}$
	Bell-Bloom	$\dfrac{1}{2}\gamma T_2$	$\dfrac{4}{\gamma\sqrt{qNT_2}}$
$B_{x,y,z}$	MCrM	$\dfrac{\sqrt{2}}{4}\gamma T_2,\dfrac{1}{2}\gamma T_2,\dfrac{\sqrt{2}}{4}\gamma T_2$	$\dfrac{4\sqrt{2}}{\gamma\sqrt{qNT_2}},\dfrac{4}{\gamma\sqrt{qNT_2}},\dfrac{4\sqrt{2}}{\gamma\sqrt{qNT_2}}$
	MSeM（第二类）	$\dfrac{3\sqrt{3}}{8}\gamma T_2,\dfrac{3\sqrt{3}}{8}\gamma T_2,\dfrac{9}{64}\gamma T_2$	$\dfrac{16\sqrt{3}}{9\gamma\sqrt{qNT_2}},\dfrac{16\sqrt{3}}{9\gamma\sqrt{qNT_2}},\dfrac{128}{9\gamma\sqrt{qNT_2}}$

6.4　光子散粒噪声

旋光检测法是原子磁力仪中最常用的检测方式，该方法测量线偏振光的旋光角，理论的旋光角输出为

$$\phi = \frac{1}{2} l r_e c f_{D1} n P_x \left[-D_{D1}(\nu) + D_{D2}(\nu) \right] \tag{6.31}$$

式中，l 为有效长度；r_e 为电子半径；c 为光速；f_{D1} 为 D1 线的振荡强度，具体数值见表 6.3；n 为原子密度；P_x 为沿检测方向的自旋极化矢量分量；$D(\nu)=(\nu-\nu_0)/[(\nu-\nu_0)^2+\Delta\nu^2]$ 为吸收谱线的色散形式，下标 D1 和 D2 分别代表 D1 线和 D2 线。

表 6.3　不同碱金属元素振荡强度的参考值[25]

碱金属种类		^{39}K	^{41}K	^{85}Rb	^{87}Rb	^{133}Cs
振荡强度	f_{D1}	0.324	0.324	0.332	0.332	0.347
	f_{D2}	0.652	0.652	0.668	0.668	0.721

在小角度情况下，利用差分旋光检测仪测量旋光角可表示为

$$\phi = \frac{N_1 - N_2}{2(N_1 + N_2)} \tag{6.32}$$

式中，N_1 与 N_2 分别为两个光电探测器收集到的光子数，且 $N_1 \approx N_2 \approx N/2$，每个光电探测器收集到光子数的量子波动为[4]

$$\delta N_1 = \delta N_2 = \sqrt{\frac{N}{2}} \tag{6.33}$$

旋光角测量的不确定度可写为

$$\delta \langle \phi \rangle = \sqrt{\left(\frac{\partial \phi}{\partial N_1} \delta N_1 \right)^2 + \left(\frac{\partial \phi}{\partial N_2} \delta N_2 \right)^2} = \frac{1}{2\sqrt{N}} \tag{6.34}$$

试验中采用光通量作为参数更为方便，对于单模激光且线宽远小于频率的情况，光子通量可用下式进行估计

$$\Phi(\nu) = \frac{P}{h\nu} \tag{6.35}$$

式中，P 为光强，W；h 为普朗克常数；ν 为光频率，Hz。

采用光通量替换光子数，式（6.34）可以转换为

$$\delta \langle \phi \rangle = \frac{1}{\sqrt{2\Phi \cdot 2t}} = \frac{1}{\sqrt{2\Phi}} \sqrt{BW} \tag{6.36}$$

相应的噪声功率谱密度为

$$\delta\langle\phi\rangle_{\text{rms}} = \frac{1}{\sqrt{2\Phi}} \tag{6.37}$$

考虑光电探测器的量子转换效率后，公式变为

$$\delta\langle\phi\rangle_{\text{rms}} = \sqrt{\frac{1}{2\Phi\eta}} \tag{6.38}$$

式中，η 为光电探测器的量子转换效率。结合式（6.31）和式（6.38）可得检测方向自旋极化矢量分量的光子散粒噪声为

$$\delta P_x = \frac{\sqrt{2}}{lr_ecf_{\text{D1}}nP_x\left[-D_{\text{D1}}(\nu)+D_{\text{D2}}(\nu)\right]\sqrt{\Phi\eta}} \tag{6.39}$$

基于式（6.2）和式（6.39）和 6.2 节中不同原子磁力仪的转换系数，即可求得相应的光子散粒噪声等效的磁探测噪声。此处不再一一列出，读者可自行进行计算。

6.5 光频移噪声

原子磁力仪中的光频移磁噪声不需要借助式（6.2）来进行分析。此处为了增强本章内容的系统性，对光频移噪声做一些简单介绍。

光频移是指由于交流斯塔克效应造成的虚拟磁场，其基本表达式为[40]

$$B_{ls} = \frac{\Phi cr_ef_{\text{D1}}}{\gamma_eA}\left[-D_{\text{D1}}(\nu)+D_{\text{D2}}(\nu)\right]s \tag{6.40}$$

式中，s 为光的偏振度，理想线偏振光 $s=0$，圆偏振光 $s=\pm1$。从上式可以看出，在共振频率附近，光频移等效磁场与偏频量 $\nu-\nu_0$ 和偏振度 s 的乘积成正比。原子磁力仪中常用失谐的线偏振光进行检测，此时存在一定的偏频量，因此如果 $s\neq0$，就会产生沿检测光方向的光频移磁场。原子磁力仪中常用圆偏振光抽运，此时如果存在失谐，就会产生沿抽运光方向的光频移磁场。

光的偏振度可用下式表示：

$$s = \frac{N_l-N_r}{N_l+N_r} \tag{6.41}$$

式中，N_l 和 N_r 分别为左旋光子数和右旋光子数。考虑光子数的量子波动：

$$\delta N_l = \delta N_r = \sqrt{\frac{N}{2}} \tag{6.42}$$

式中，$N=N_l+N_r$ 为总光子数。则偏振度 s 的不确定度为

$$\delta\langle s\rangle = \sqrt{\left(\frac{\partial s}{\partial N_r}\delta N_r\right)^2+\left(\frac{\partial\phi}{\partial N_l}\delta N_l\right)^2} = \frac{1}{\sqrt{N}} \tag{6.43}$$

采用光通量替换光子数，上式可以转换为

$$\delta\langle s\rangle = \frac{1}{\sqrt{\dfrac{\Phi}{2}\cdot 2t}} = \sqrt{\frac{2}{\Phi}}\sqrt{BW} \tag{6.44}$$

相应的噪声功率谱密度为

$$\delta\langle s\rangle_{\mathrm{rms}} = \sqrt{\frac{2}{\Phi}} \tag{6.45}$$

结合式（6.45）和式（6.40）可得检测方向由于偏振度 s 的量子不确定性引起的光频移磁场噪声为

$$\delta B_{ls} = \frac{cr_e f_{\mathrm{D1}}\sqrt{2\Phi}}{\gamma_e A}\left[-D_{\mathrm{D1}}(\nu) + D_{\mathrm{D2}}(\nu)\right] \tag{6.46}$$

6.6　横向弛豫时间的计算

上面几节分别介绍了不同原子磁力仪转换系数和量子噪声的计算，其中一个非常重要的参数是横向弛豫时间 $T_2 = q/(R_2 + R_p)$。横向弛豫时间与共振线宽（半宽）的关系为 $\Delta\omega = 1/T_2$，因此横向弛豫时间是原子磁力仪较容易测量的参数。如果不考虑 R_p，还可以通过自由振荡衰减信号测量 $T_2 = q/R_2$。从物理机制的角度，直接分析弛豫率 R_2 和 R_p 更容易。其中 R_2 综合了多种弛豫源：

$$R_2 = R_{\mathrm{sd}} + R'_{\mathrm{se}} + R_{\mathrm{wall}} \tag{6.47}$$

采用上式写出 R_2 的部分原因，是为了在 Bloch 方程的建模中直接使用 R_2 和 R_p，从而易于实现 R_p 的理论优化。R_p 表征抽运光对原子极化的快慢，常被称为抽运率。从这一点而言，它与 R_2 不同，后者表征退极化的快慢。但是存在抽运光的情况下 $\Delta\omega = 1/T_2 = (R_2 + R_p)/q$，因此从这个角度看，$R_p$ 和 R_2 是等效的。基于此，后续我们将 R_p 称作抽运光引起的弛豫率。

以下对 R_p 和 R_2 中各项分别进行介绍。

6.6.1　抽运光引起的弛豫率

若激光为理想圆偏振，可以认为原子每次与光子作用都会获得一次极化。在原子吸收线宽远大于激光线宽的情况下，所有光子都有几乎同样的概率与原子产生作用。抽运光引起的弛豫率，也即激光抽运率 R_p 可理解为一个原子在单位时间内与光子碰撞获得极化的次数：

$$R_p = \frac{\sigma(\nu)}{A}\Phi(\nu) \tag{6.48}$$

式中，A 为光束截面；$\Phi(\nu)$ 为光子通量；$\sigma(\nu)$ 为原子的有效吸收截面，即

$$\sigma(\nu) = \pi c r_e f L(\nu) \tag{6.49}$$

其中，c 为光速；r_e 为电子的半径；$L(\nu) = (\Delta \nu / 2\pi) / [(\nu - \nu_0)^2 + (\Delta \nu / 2)^2]$ 为归一化的吸收谱线；f 为振荡强度，反映不同谐振峰处原子吸收光子能力的相对百分比，其值如表 6.3 所示。试验上，通常可通过测量原子磁力仪的共振线宽，然后扣除 R_2 的影响得到 R_p。

6.6.2　自旋破坏碰撞弛豫率

自旋破坏碰撞弛豫率 R_{sd} 可以写为

$$R_{sd} = \nu \sigma_{self}^{sd} n_{alcali} + \nu \sigma_{quench}^{sd} n_{qench} + \nu \sigma_{Buffer}^{sd} n_{Buffer} \tag{6.50}$$

等式右边第一项为碱金属与自身的碰撞破坏弛豫率，第二项为碱金属与淬灭气体的碰撞破坏弛豫率，第三项为碱金属与缓冲气体的碰撞破坏弛豫率。其中 n 为原子密度，σ_{self}^{sd}，σ_{quench}^{sd} 和 σ_{Buffer}^{sd} 分别为碱金属原子与自身、淬灭气体和缓冲气体的碰撞截面，碰撞截面的参数见表 6.4，ν 为碱金属原子相对热运动速度：

$$\nu(T) = \sqrt{\frac{8k_b T}{\pi m}} \tag{6.51}$$

式中，$k_b = 1.38 \times 10^{-23}$ J/K 为波尔兹曼常数；T 为温度，K；m 为两种原子的折合质量。

表 6.4　碱金属碰撞破坏截面[17]　　　　　　　　　　　单位：cm^2

原子种类	σ_{Self}^{sd}	σ_{He}^{sd}	σ_{Ne}^{sd}	$\sigma_{N_2}^{sd}$
K	1×10^{-18}	8×10^{-25}	1×10^{-23}	—
Rb	9×10^{-18}	9×10^{-24}	—	1×10^{-22}
Cs	2×10^{-16}	3×10^{-23}	—	6×10^{-22}

6.6.3　自旋交换弛豫率

与自旋破坏碰撞弛豫 R_{sd} 类似，有 $R_{se} = \nu \sigma_{se} n_{alcali}$，其中 $\sigma_{se} \approx 2 \times 10^{-14}$ cm^2 为自旋交换截面[17]，因此不难看出 $R_{se} \gg R_{sd}$。在 R_2 中，R_{se} 的贡献记为 R'_{se}。R'_{se} 的情况比较复杂，压缩 R'_{se} 是原子磁力仪的一项重要工作。

当 $\omega_0 \gg R_{se}$ 时[25]，

$$R'_{se} = q' R_{se} \tag{6.52}$$

式中，$q' = \dfrac{2I}{3} \dfrac{2I-1}{(2I+1)^2}$。

当 $\omega_0 \ll R_{se}$，且自旋极化矢量值 P 较小时[17,41]，

$$R'_{se} = \frac{\omega_0^2}{2R_{se}} \left[q(P)^2 - (2I+1)^2 \right] \tag{6.53}$$

式中，减速因子 $q(P)$ 由表 6.1 中的公式决定。从式（6.53）可以看出两种压缩 R'_{se} 的方法。一种是减小 B_0，增大原子密度 n，使 ω_0^2/R_{se} 接近于零；另一种是增大 P，使 $q(P)^2-(2I+1)^2$ 减小。

第一种方法对应 SERF 态，第二种方法对应光压窄（light narrowing）的情况。当 P 接近于 1 时，即 $q(P)^2-(2I+1)^2$ 接近于零时，式（6.53）不再适用，此时[1]，

$$\frac{1}{T_2} = \Delta\omega = \frac{R_p}{2I+1} + G\frac{R_{se}R_{sd}}{R_p} \tag{6.54}$$

式中，G 为与核自旋相关的常数，通常小于 1。对 R_p 进行优化，可得

$$\frac{1}{T_2} = \Delta\omega = 2\sqrt{\frac{G \cdot R_{se}R_{sd}}{2I+1}} \tag{6.55}$$

由于 R_{sd} 的作用，线宽会有明显收窄。

此处需要指出式（6.52）和式（6.53）分别是 $\omega_0 \gg R_{se}$ 和 $\omega_0 \ll R_{se}$ 两种情况下的，对于中间过渡情况的，目前尚没有看到简洁的解析表达式。

6.6.4 侧壁碰撞破坏弛豫率

侧壁碰撞破坏弛豫率 R_{wall} 是指原子与侧壁碰撞导致的退极化，具体大小与侧壁材料，缓冲气体种类和浓度有关。对应球形气室[17]：

$$R_{wall} = qD\left(\frac{\pi}{a}\right)^2 \tag{6.56}$$

式中，D 为扩散常数；a 为原子气室的半径。

参 考 文 献

[1] Savukov I M, Seltzer S J, Romalis M V, et al. Tunable atomic magnetometer for detection of radio-frequency magnetic fields. Physical Review Letters, 2005, 95(6): 063004.

[2] Lee S K, Sauer K L, Seltzer S J, et al. Subfemtotesla radio-frequency atomic magnetometer for detection of nuclear quadrupole resonance. Applied Physics Letters, 2006, 89(21): 214106.

[3] Groeger S, Bison G, Schenker J L, et al. A high-sensitivity laser-pumped M_x magnetometer. European Physcial Journal D, 2006, 38(2): 239-247.

[4] Budker D, Kimball D F J. Optical magnetometry. Cambridge: Cambridge University Press, 2013.

[5] Schultze V, Schillig B, Jsselsteijn R I, et al. An optically pumped magnetometer working in the light-shift dispersed M_z mode. Sensors, 2017, 17(3): 561.

[6] Bell W E, Bloom A L. Optical detection of magnetic resonance in alkali metal vapor. Physical Review, 1957, 107(6): 1559-1565.

[7] Huang H C, Dong H F, Hao H J, et al. Close-loop Bell-Bloom magnetometer with amplitude modulation. Chinese Physics Letters, 2015, 32(9): 098503.

[8] Alexandrov E B, Balabas M V, Kulyasov V N, et al. Three-component variometer based on a scalar potassium sensor.

Measurement Science & Technology, 2004, 15(5): 918.

[9] Vershovskii A K, Balabas M V, Ivanov A, et al. Fast three-component magnetometer-variometer based on a Cesium sensor. Technical Physics, 2006, 51(1): 112-117.

[10] Fairweather A J, Usher M J. A vector rubidium magnetometer. Journal of Physics E Scientific Instruments, 1972, 5(10): 986.

[11] Huang H C, Dong H F, Hu X Y, et al. Three-axis atomic magnetometer based on spin precession modulation. Applied Physics Letters, 2015, 107: 182403.

[12] Huang H C, Dong H F, Chen L, et al. Single-beam three-axis atomic magnetometer. Applied Physics Letters, 2016, 109(6): 062404.

[13] Dong H F, Wang X F, Li J M, et al. An atomic magnetometer whose spin-projection-noise is proportional to $\sqrt{T_2}$. Chinese Physical Letter, 2019, 36(2): 020701.

[14] Savukov I M, Seltzer S J, Romalis M V. Detection of NMR signals with a radio-frequency atomic magnetometer. Journal of Magnetic Resonance, 2007, 185(2): 214-220.

[15] Savukov I, Karaulanov T, Boshier M G. Ultra-sensitive high-density Rb-87 radio-frequency magnetometer. Applied Physics Letters, 2014, 104(2): 023504.

[16] Patton B, Zhivun E, Budker D C, et al. All-optical vector atomic magnetometer. Physical Review Letters, 2014, 113(1): 013001.

[17] Allred J C, Lyman R N, Kornack T W, et al. High-sensitivity atomic magnetometer unaffected by spin-exchange relaxation. Physical Review Letters, 2002, 89(13): 130801.

[18] Kominis I K, Kornack T W, Allred J C, et al. A subfemtotesla multichannel atomic magnetometer. Nature, 2003, 422(6932): 596-599.

[19] Shah V, Romalis M V. Spin-exchange relaxation-free magnetometry using elliptically polarized light. Physical Review A, 2009, 80(1): 013416.

[20] Dang H B, Maloof A C, Romalis M V. Ultrahigh sensitivity magnetic field and magnetization measurements with an atomic magnetometer. Applied Physics Letters, 2010, 97: 151110.

[21] Kim K, Begus S, Xia H, et al. Multi-channel atomic magnetometer for magnetoencephalography: a configuration study. Neuroimage, 2014, 89: 143-151.

[22] Ledbetter M P, Savukov I M, Acosta V M, et al. Spin-exchange-relaxation-free magnetometry with Cs vapor. Physical Review A, 2008, 77(3): 033408.

[23] Dong H F, Fang J C, Zhou B Q, et al. Three dimensional atomic magnetometery. European Physical Journal AP, 2012, 57(2): 21004.

[24] Ito Y, Sato D, Kamada K, et al. Measurements of magnetic field distributions with an optically pumped K-Rb hybrid atomic magnetometer. IEEE Transactoins on Magnetics, 2014, 50(11): 4006903.

[25] Seltzer S J. Developments in alkali-metal atomic magnetometry. Princeton: Princeton University, 2008.

[26] Smullin S J, Savukov I M, Vasilakis G, et al. Low-noise high-density alkali-metal scalar magnetometer. Physical Review A, 2009, 80(3): 2962-2964.

[27] Alldredge L R, Saldukas I. An automatic standard magnetic observatory. Journal of Geophysical Research, 1964, 69(10): 1963-1970.

[28] Alldredge L R. A proposed automatic standard magnetic observatory. Journal of Geophysical Research, 1960, 65(11): 3777-3786.

[29] Vershovskii A K. A new method of absolute measurement of the three components of the magnetic field. Optics and Spectroscopy, 2006, 101(2): 309-316.

[30] Vershovskii A. Project of sbsolute three-component vector magnetometer based on quantum scalar sensor. Publications of the Institute of Geophysics Polish Academy of Sciences C-99, 2007, 398: 107-111.

[31] Seltzer S J, Romalis M V. Unshielded three-axis vector operation of a spin-cxchange-relaxation-free atomic magnetometer. Applied Physics Letters, 2004, 85(20): 4804-4806.

[32] Dong H F, Lin H B, Tang X B. Atomic-signal-based zero field finding technique for unshielded laser-pumped atomic magnetometer. IEEE Sensors Journal, 2013, 13(1): 186-189.

[33] Gravrand O, Khokhlov A, Le M J L, et al. On the calibration of a vectorial He-4 pumped magnetometer. Earth Planets and Space, 2001, 53(10): 949-958.

[34] Vershovskii A K. Project of laser-pumped quantum M_x magnetometer. Technical Physics Letters, 2011, 37(2): 140-143.

[35] Afach S, Ban G, Bison G, et al. Highly stable atomic vector magnetometer based on free spin precession. Optics Express, 2015, 23(17): 22108-22115.

[36] 董海峰, 李继民. 三轴矢量原子磁力仪综述. 导航与控制, 2018, 17(5): 18-25.

[37] Pradhan S. Three axis vector atomic magnetometer utilizing polarimetric technique. Review of Scientific Instruments, 2016, 87(9): 093105.

[38] Ding Z C, Yuan J, Lu G F, et al. Three-axis atomic magnetometer employing longitudinal field modulation. IEEE Photonics Journal, 2017, 9(5): 5300209.

[39] Fan W F, Liu G, Li R J, et al. A three-axis atomic magnetometer for temperature-dependence measurements of fields in a magnetically shielded environment. Measurement Science and Technology, 2017, 28(1): 095007.

[40] Kornack T W. A test of CPT and Lorentz symmetry using K-^{3}He co-magnetometer. Princeton: Princeton Univeristy, 2005.

[41] Happer W, Tam A C. Effect of rapid spin exchange on the magnetic-resonance spectrum of alkali vapors. Physical Review A, 1977, 16(5): 1877-1891.

第 7 章　铯原子磁力仪物理系统的参数分析

铯原子磁力仪物理系统搭建完成后，为了使磁力仪的灵敏度处于最佳状态，需要对物理系统中的相关参数进行分析和优化，并对磁力仪物理系统的性能进行测试。本章通过试验谱线分析了原子磁力仪物理系统的频率响应特性和灵敏度，试验结果表明铯原子磁力仪物理系统在 100nT 附近的灵敏度达到了 $0.1pT/Hz^{1/2}$ 的水平；同时，对激光频率、激光光强、光斑大小和调制波形等参数对磁力仪性能的影响进行了研究。

7.1　磁力仪的频率响应和灵敏度分析

7.1.1　磁力仪的频率响应

Bell-Bloom 原子磁力仪是根据泵浦光的调制频率来判断磁场大小的。磁力仪的极化信号是与泵浦光调制频率相同的正弦信号。当泵浦光调制频率与待测磁场对应的拉莫尔进动频率一致时，极化信号最大。圆二向色性检测光路的目的即是实时检测出极化信号的大小。因此，PBS 后平衡探测器的输出信号特点应与极化信号一致，即频率是与泵浦光调制频率相同的正弦信号，当泵浦光调制频率等于拉莫尔进动频率时，输出正弦信号的幅值最大。在物理系统搭建完成后，首先验证了极化信号的特征。图 7.1 所示为外磁场等于 100nT 时平衡探测器在三个不同泵浦光调制频率下的实际输出信号。

从图中可以看出，输出正弦信号的频率与泵浦光调制频率相同，当调制频率 ω 等于 100nT 对应的拉莫尔进动频率时（ω_L=350Hz），信号幅值最大（实线）。当调制频率大于（长虚线）或小于（点线）拉莫尔进动频率时，信号幅值都会变小，与预期的信号特点一致。

为抑制磁力仪中泵浦光调制频率以外的噪声，可采用了锁相放大技术对平衡探测器的输出信号进行相关检测。将电光调制器（electro-optic modulator，EOM）的调制信号作为参考信号，平衡探测器的输出作为输入信号接入锁相放大器中，如图 7.2 所示，色散线型为锁相放大器的同相输出信号，吸收线型为正交输出信号。从图中可以看出，当调制频率等于拉莫尔进动频率时，正交信号的峰值最大，而同相信号幅值为零。因此，通过判断正交信号的峰值或同相信号的零点所对应的频率就可以确定出磁场的大小。这两种谱线是在原子磁力仪处于开环状态下（即未实现拉莫尔进动频率自动跟踪锁定）通过扫描泵浦光调制频率得到的，可以作为原子磁力仪物理系统的特征谱线，其反映出了物理系统的重要性能。从图中可以直观地看出，当谱线幅度越大，线宽越窄时，在待测磁场处，色散谱线的斜率越大，吸收谱线越尖锐，磁力仪对磁场越敏感，在同样的噪声条件下灵敏度会越高。因此，通过分析物理系统各个参数对特征谱线的影响，可以不断优化系统性能，提高磁力仪的灵敏度水平。

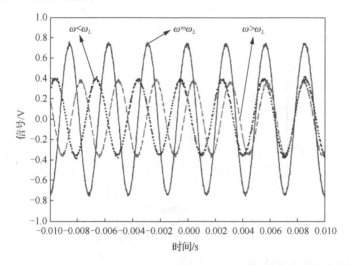

图 7.1　平衡探测器输出信号

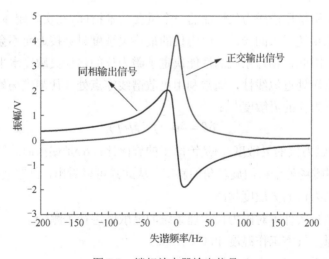

图 7.2　锁相放大器输出信号

除幅频特性外，由于检测光经过原子系统的作用，磁力仪信号相对 EOM 调制信号会产生相位延迟。图 7.3 所示为不同调制频率下磁力仪信号与参考信号间的相位延迟，即磁力仪的相频特性曲线。图 7.3 中的相位值是在磁场固定时，不同调制频率下吸收信号的峰值所对应的相位。由于实际光路结构中难以保证磁场方向与泵浦光和检测光组成的平面完全垂直，因此在共振点处的相位差并未严格等于 90°。从图中可以看出，在共振频率处，相频特性变化也很剧烈。因此，相频特性也可以用来判断共振频率。

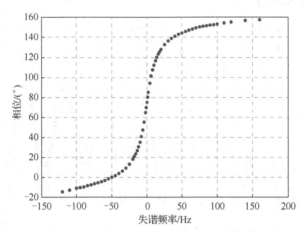

图 7.3 铯原子磁力仪相频曲线

7.1.2 磁力仪的灵敏度分析

灵敏度是衡量原子磁力仪性能的一个重要技术指标。在实际闭环工作状态下，由于频率跟踪系统引入的噪声，磁力仪的最终灵敏度只会接近而不会超越物理系统的灵敏度。因此，物理系统的性能决定了磁力仪的最佳灵敏度水平。由于色散谱线在待测磁场处近似线性，通常利用色散谱线零点处（待测磁场处）的斜率和噪声来定义磁力仪的灵敏度[1,2]：

$$\delta B = \delta \phi / (\gamma \, \partial \phi / \partial f) \tag{7.1}$$

式中，δB 为磁力仪的灵敏度；γ 是铯原子的旋磁比；$\delta \phi$ 是偏振面旋转角的噪声；$\partial \phi / \partial f$ 是待测磁场处偏振面旋转角的斜率。从此式可以看出，色散谱线斜率越大，噪声越小，磁力仪的灵敏度越高。

在以下试验条件下对磁力仪物理系统的灵敏度进行了测量。

（1）铯原子气室工作温度 40℃。

（2）亥姆霍兹线圈中心磁场值约为 100nT。

（3）泵浦光频率铯原子 D1 线 $F_g=3 \rightarrow F_e=4$ 线；入屏蔽筒前泵浦光功率为 600μW；光斑直径 12mm；光强 $I_{pu}=0.53$mW/cm^2。

（4）检测光频率铯原子 D2 线 F_g=4→F_e=5，入屏蔽筒前检测光功率 1μW；光斑直径 2mm；光强 I_{pr}=0.03mW/cm^2。

（5）电光调制器占空比 50%，扫描频率范围 150~550Hz，扫描时间 20s。

由于采用的是分光束检测方法来检测旋转角，因此色散谱线的电压信号直接反映了偏振面旋转角的大小。在铯原子磁力仪试验系统中，平衡探测器的光电转换系数为 50.6V/μW。在上述试验条件下，入射到平衡探测器两探头的光功率之和为 0.15μW。根据差除和可以将色散谱线电压信号转换为旋转角信号，转换后的色散谱线如图 7.4 所示。从图中可以看出，色散谱线零点频率为 350Hz，对应磁场测量值为 100nT，与实际磁场相符。旋转角信号峰峰值约为 36.87mrad，线宽约为 22Hz。

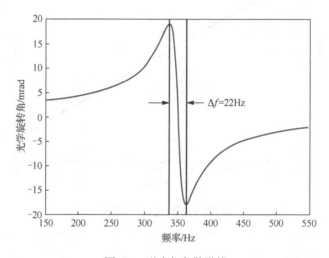

图 7.4　磁力仪色散谱线

为了计算待测磁场处的斜率 $\partial\phi/\partial f$，取出色散谱线中心处数据进行线性拟合，如图 7.5 所示，得到曲线的斜率为-3.2mrad/Hz。

图 7.6 为试验条件下泵浦光调制频率等于拉莫尔进动频率时平衡探测器的差输出信号，通过对该信号做频谱分析可以得到磁力仪信号的信噪比。采用美国斯坦福系统公司的 SR785 动态信号分析仪对时域共振信号的功率谱密度进行分析，仪器的频率扫描范围为 150～550Hz，FFT 分辨率为 400 线，频率分辨率为 1Hz，采样时间 1s。为了计算偏振面旋转角噪声，将功率谱密度数据以共振频率处的幅值为最大值进行归一化，即得到噪声幅度与信号幅度之比。由于共振时磁力仪信号对应的峰峰值旋转角约为 36.87mrad，因此从功率谱密度数据中可以得到频率扫描范围内各个频率处的噪声幅度。根据式（7.1）即可得到磁力仪的灵敏度，如

图 7.7 所示。由于调制信号经过功率放大器后驱动 EOM，调制信号中工频噪声的谐波分量也会影响磁力仪信号。从图 7.2 可知，在离共振频率 50Hz 左右处磁力仪还有响应，离共振频率更远的一些谐波频率则远超出了磁力仪的共振带宽，响应为零，因此图 7.7 中在 300Hz 和 400Hz 处表现出两个响应峰，而其他谐波处则表现不明显。从图中可以看出，磁力仪信号的信噪比约为 90dB，说明偏振面旋转角的等效噪声 $\delta\phi$ =1μrad/Hz$^{1/2}$，由此可计算出磁力仪物理系统的灵敏度为 0.1pT/Hz$^{1/2}$。

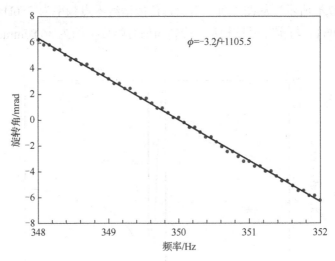

图 7.5　色散谱线中心斜率

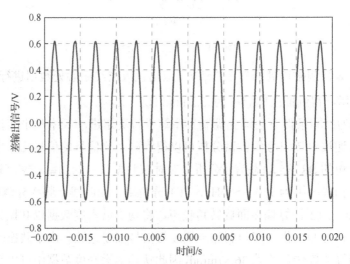

图 7.6　共振时探测器差信号

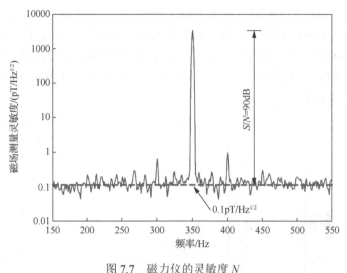

图 7.7　磁力仪的灵敏度 N

7.2　磁力仪物理系统响应带宽的测试与分析

7.2.1　泵浦光调制器-探测器系统的响应时间测量

为了快速评估磁力仪物理系统对变化磁场的响应能力，给物理系统施加一个方波变化的磁场，通过判断物理系统对方波磁场响应的上升时间来测量磁力仪的响应带宽。在试验测试中，通过信号源给亥姆霍兹线圈提供方波变化的电流，从而产生方波变化的磁场。由于直接测量物理系统对变化磁场的响应，因此在试验方案中未对 EOM 进行调制。

在进行磁力仪系统响应测量之前，首先测试了信号源输出方波信号的上升沿时间和光电探测器的响应速度。信号源的方波信号直接由示波器测试，示波器的带宽为 100MHz，采样率为 1G/s。设置信号源输出方波的上升沿为 18ns。图 7.8 为示波器接收到的方波信号的上升沿测试结果。信号上升时间一般定义为幅值的 10%～90%对应的时间。从中可知，示波器测得的方波信号上升时间约为 18ns，与信号源设置一致。

对探测器进行测试需要对激光进行调制，从而产生方波变化的光信号，通过示波器测试光电探测器的输出从而得出探测器的响应。在对光电探测器的实际测试中，除探测器本身的响应外，测试结果还与激光调制器的响应有关。可通过对泵浦光路中的 EOM 进行调制来产生方波变化的光信号。因此，实际测试结果是泵浦光调制器-探测器组成的系统响应速度。采用信号源输出方波信号送入 EOM

的驱动器,信号源上升时间设置为18ns。如图7.9所示为调制器-探测器系统对方波变化的激光响应,其中上升沿陡峭的方波信号为信号源的输出信号,上升沿较缓的信号为探测器输出的信号。从中可以看出,调制器-探测器系统阶跃响应的上升时间约为0.6μs,说明探测器的上升时间不大于0.6ms,能够满足磁力仪物理系统响应的测试要求。

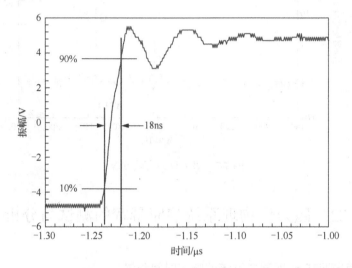

图7.8 信号源输出信号的上升时间

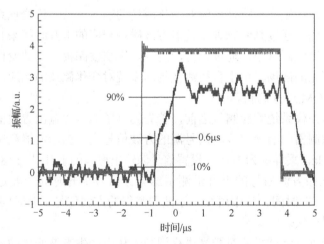

图7.9 调制器-探测器系统的上升时间

7.2.2 磁力仪物理系统的响应时间测量

在测试完信号源和探测系统的响应速度后,对磁力仪的物理系统响应进行了测试。测试条件为:泵浦光频率为铯原子D1线 F_g=3→F_e=4线,泵浦光强为0.6mW/cm²;

检测光频率铯原子 D2 线 F_g=4→F_e=5 线，检测光强 0.04mW/cm^2；气室温度 40℃。在此条件下，首先测量了磁场为 100nT 下泵浦光调制时的磁力仪谱线，如图 7.10 所示，从中可知谱线宽度约为 30Hz。由于磁场很小，磁场梯度和非线性塞曼效应引起的谱线展宽可以忽略不计。因此，在同样的光强等条件下，100nT 时的磁力仪线宽与零磁场附近的线宽不会有明显变化。

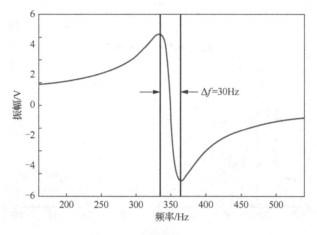

图 7.10　磁力仪的色散谱线

在泵浦光未进行调制的条件下，磁力仪的响应幅值实际上是与磁场大小一一对应的。通过信号源输出一个三角波信号，经由亥姆霍兹线圈产生缓慢变化的磁场，从而确定磁力仪系统在不同磁场大小时对应的响应幅值。图 7.11 所示为不同磁场下磁力仪的响应曲线。从中可以看出，在不对泵浦光进行调制时，磁力仪的测量量程仅为-8～+8nT。

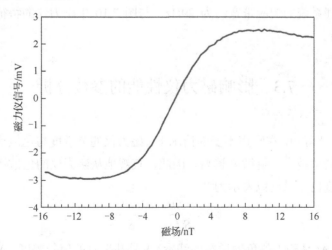

图 7.11　未调制时不同磁场下磁力仪的响应

　　基于此，可使亥姆霍兹线圈产生一个从-8~+8nT 变化的方波磁场，上升沿时间设置为 18ns，如图 7.12 中方波信号所示，其大小由右端纵坐标给出。磁力仪物理系统对此方波磁场的响应如图 7.12 中上升沿较缓的信号所示，响应幅值由左端纵坐标给出。

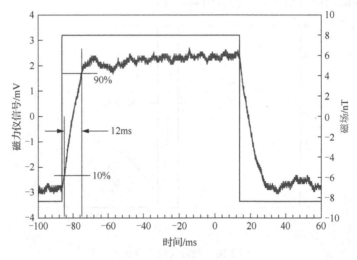

图 7.12　磁力仪响应的上升时间

　　从中可以看出，磁力仪物理系统的上升时间为 12ms，系统输出达到稳态的时间约为 50ms。根据二阶系统的阶跃响应上升时间与系统响应带宽之间的关系[3]：

$$BW = \frac{0.35}{t_{\text{rise}}} \qquad (7.2)$$

可以得出物理系统的响应带宽约为 29Hz，与图 7.10 中磁力仪的特征谱线的线宽（30Hz）接近。

7.3　影响磁力仪性能的参数分析

　　从 7.1.1 节可知，在噪声不变的情况下，磁力仪的灵敏度与色散谱线中心的斜率成正比、斜率越大、灵敏度越高。因此，直观地从磁力仪的色散谱线来看，磁力仪的灵敏度也可以近似表示为[4]

$$\delta B = \frac{\Delta B}{S/N} = \frac{1}{\gamma} \frac{\Delta f}{S/N} \qquad (7.3)$$

式中，ΔB 与 Δf 是磁力仪色散谱线的线宽；S 是共振时的信号幅度；N 是磁力仪单位带宽内的噪声；S/N 表示磁力仪单位带宽内的信噪比。

如果色散谱线在其线宽范围内完全线性，则上式与式（7.1）等价。从图 7.4 可以看出，色散谱线在线宽内实际上并不完全线性，因此式（7.1）更能准确地反映出磁力仪在待测磁场处的灵敏度。但在不引入额外噪声的前提下，式（7.3）能更方便快速地评价出磁力仪物理系统各个参数对灵敏度的影响。因此，为了评价各参数对灵敏度的影响，基于式（7.3）和磁力仪的色散谱线，借鉴原子频标中的定义，给出磁力仪的优值系数 κ 作为磁力仪的特征值，表示如下：

$$\kappa = \frac{A}{\Delta f} \tag{7.4}$$

式中，A 表示色散谱线（图 7.10）的峰值，V；Δf 是磁力仪色散谱线的线宽，Hz。A 越大，Δf 越小，则 κ 越大，表示磁力仪的灵敏度越高。

7.3.1　激光频率的影响

根据铯原子的超精细能级结构，铯原子 D1 线有四条超精细共振线可作为泵浦，使原子产生极化。不同激光频率下原子的极化程度不同，磁力仪的线宽也不同。从第 2 章可知，磁力仪最终的信号不仅与泵浦光产生的极化大小有关，还与弛豫效应相关。由于弛豫的影响，沿泵浦光方向的极化矢量在往检测光方向转动的过程中强度会减小，同时会增加磁力仪的谱线宽度。为了找到磁力仪的最佳泵浦光频率和检测光频率条件，可在试验中对不同的泵浦光频率和检测光频率下的色散谱线进行分析。

图 7.13 所示为气室温度在 39℃，磁场为 100nT，检测光激光器锁定在 Cs 的 D2 线 $F_g=4 \rightarrow F_e=5$ 跃迁线，泵浦光频率分别为 Cs 的 D1 线 $F_g=4 \rightarrow F_e=3$，$F_g=4 \rightarrow F_e=4$，$F_g=3 \rightarrow F_e=3$ 和 $F_g=3 \rightarrow F_e=4$ 时磁力仪的色散谱线。从图中可以看出，泵浦光频率基态 3 线到激发态时谱线线宽较窄，在基态 4 线到激发态时线宽明显变宽。由第 2 章可知，泵浦光除能使原子极化外，也会引起弛豫。当泵浦光和检测光都作用于同一基态的原子时，由泵浦光导致的弛豫速率很大，与检测光作用的原子也都受泵浦光的影响，因此原子总的自旋弛豫变大。而当基态 3 线泵浦，基态 4 线检测时，泵浦光直接作用于基态 3 线的原子，而非基态 4 线的原子。对于检测光作用的基态 4 线的原子而言，由泵浦速率引起的弛豫较小，因此总的弛豫速率较小，谱线线宽也较窄。

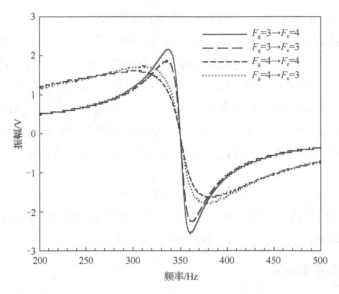

图 7.13　不同泵浦频率磁力仪的色散谱线

表 7.1 中列出了图 7.13 中不同泵浦光频率下具体的色散谱线峰峰值、线宽和磁力仪的特征值。从中可知，泵浦光频率为 $F_g=3 \to F_e=4$ 时磁力仪的信号最大，线宽最小，κ 值最大，$F_g=3 \to F_e=3$ 泵浦时虽然信号不强，但由于线宽相对而言很小。因此，也具有较大的 κ 值。基态 4 线泵浦时由于线宽很大，κ 值相对很小。

表 7.1　不同泵浦光频率下磁力仪的 κ 值

泵浦光频率	色散谱线峰的峰值 A/V	色散谱线线宽 Δf/Hz	特征值/(V/Hz)
$F_g=4 \to F_e=3$	3.52	67.6	0.05
$F_g=4 \to F_e=4$	3.24	81.0	0.04
$F_g=3 \to F_e=3$	4.12	26.6	0.15
$F_g=3 \to F_e=4$	4.72	23.2	0.20

为了详细地了解各个泵浦光频率下原子的极化程度，根据光泵浦理论模型计算了左旋圆偏振泵浦光在不同频率时基态 4 线 9 个塞曼子能级上的粒子数分布，并将稳态时的粒子数列于表 7.2 中。从表中可以看出，$F_g=3 \to F_e=4$ 线泵浦时基态 4 线各塞曼子能级的粒子数都较多，这是由于泵浦的过程中将基态 3 线上的粒子数全部转移到了基态 4 线上，并且往$|4, 4\rangle$塞曼子能级上堆积，因而此时磁力仪的信号很强。而 $F_g=3 \to F_e=3$ 线泵浦时由于激发态不存在 $m_F=4$ 能级，基态 3 线上的粒子数会回落到 3 线的 $m_F=3$ 能级上，不能全部转移到了基态 4 线上，并且不能在基态 4 线上产生较强的不均匀分布，因此信号比 $F_g=3 \to F_e=4$ 线泵浦时弱。当采用 $F_g=4 \to F_e=3$ 和 $F_g=4 \to F_e=4$ 线泵浦时，基态 4 线上的粒子数分布不均匀性明显比基态 3 线泵浦时高。$F_g=4 \to F_e=3$ 泵浦时能使基态 4 线上的粒子数最终堆积到|4,

3>和|4, 4>塞曼子能级上,并且粒子数也较多,因此信号也较强。当采用 $F_g=4 \to F_e=4$ 线泵浦时,能使基态 4 线上的粒子数分布不均匀性最高,其他塞曼子能级粒子数均为零,最终只分布在|4, 4>塞曼子能级上。但由于泵浦时基态 4 上的粒子数会落到基态 3 上,所以最终的|4, 4>上粒子数相对较少。虽然基态 4 线泵浦时的粒子数分布不均匀性更高,但由于其明显较大的弛豫速率,使自旋极化矢量在往检测光方向转动的过程中衰减很快,所以最终使检测光方向的极化程度变小,导致磁力仪信号较小,线宽较大,κ 值较小。

表 7.2　不同泵浦光频率下 $F_g=4$ 各塞曼子能级上的粒子数分布

泵浦光频率	$F_g=4$ 各塞曼子能级上的粒子数								
	|4, −4>	|4, −3>	|4, −2>	|4, −1>	|4, 0>	|4, 1>	|4, 2>	|4, 3>	|4, 4>
$F_g=4 \to F_e=3$	0	0	0	0	0	0	0	0.15	0.15
$F_g=4 \to F_e=4$	0	0	0	0	0	0	0	0	0.11
$F_g=3 \to F_e=3$	0.06	0.09	0.10	0.11	0.11	0.11	0.11	0.11	0.11
$F_g=3 \to F_e=4$	0.06	0.07	0.08	0.10	0.11	0.13	0.14	0.15	0.16

　　除泵浦光频率外,检测光频率也可以工作在不同的超精细跃迁频率处。根据不同泵浦光频率下磁力仪信号的分析,将泵浦激光器锁定在 Cs 的 D1 线 $F_g=3 \to F_e=4$ 频率上,将检测光分别调到 Cs 的 D2 线基态 4 线的 $F_g=4 \to F_e=3$,$F_g=4 \to F_e=3,4$,$F_g=4 \to F_e=4$,$F_g=4 \to F_e=3,5$,$F_g=4 \to F_e=4,5$ 和 $F_g=4 \to F_e=5$ 六条饱和吸收峰上,记录了磁力仪色散谱线的峰的峰值、线宽和特征值,如表 7.3 中所示。从中可以看出,相对而言,检测光在 $F_g=4 \to F_e=5$ 频率上信号最强,κ 值最大。但这 6 个频率下的特征值变化并不明显,这是由于这 6 个频率都检测基态 $F_g=4$ 能级原子的极化幅度和弛豫。

表 7.3　不同检测光频率下磁力仪的 κ 值

泵浦光频率	色散谱线峰峰值 A/V	色散谱线线宽 Δf/Hz	特征值/(V/Hz)
$F_g=4 \to F_e=3$	4.5	23.2	0.193
$F_g=4 \to F_e=3,4$	4.5	23.2	0.195
$F_g=4 \to F_e=4$	4.6	23.2	0.198
$F_g=4 \to F_e=3,5$	4.64	23.2	0.198
$F_g=4 \to F_e=4,5$	4.68	23.2	0.197
$F_g=4 \to F_e=5$	4.72	23.2	0.201

　　由于原子气室中缓冲气体的压致展宽作用,使得 $6^2P_{3/2}$ 态 3,4,5 这三个能级不能明确分辨,因而检测光在这六个跃迁频率处对磁力仪的影响不大。理论上,检测光在每一个泵浦光频率下都可以锁定在基态 3 线和 4 线共 12 个共振频率处。在试验过程中对此一一进行了测试,由于在其他的泵浦光频率-检测光频率组合下磁力仪信号相比以上情况要弱很多,因此在本章中并没有一一列举。经过对不同激

光频率下磁力仪信号的理论和试验研究，最终表明在铯原子磁力仪中，泵浦光处于 Cs 的 D1 线 $F_g=3 \rightarrow F_e=4$ 线，检测光处于 Cs 的 D2 线 $F_g=4 \rightarrow F_e=5$ 线时磁力仪的信号最强，线宽最窄，灵敏度最高。

7.3.2　激光光强的影响

原子磁力仪的工作首先需要泵浦光使原子极化，然后通过检测光来检测极化大小。其中泵浦光带来的作用不仅能使原子极化，也会导致弛豫速率增加，使磁力仪的线宽变宽。检测光由于线偏振特性，其检测过程本身就是对原子状态的一个干扰，会使各塞曼子能级上的粒子数重新分布，引起去极化，从而增加线宽。因此，无论是泵浦光还是检测光，其光强对原子磁力仪的影响都需要考虑。

为了了解激光光强变化对铯原子磁力仪的影响，并且找到最适合磁力仪工作的激光光强条件，我们在试验中分别对不同泵浦光光强和检测光强下的磁力仪色散谱线进行了研究。图 7.14 所示为磁力仪色散谱线的峰峰值随泵浦光强变化的关系。从中可以看出，随着泵浦光强增加，磁力仪信号幅值逐渐增加。在光强较小时，信号幅度增加迅速，当光强大于 $1.1 \ \text{mW/cm}^2$ 时，信号幅度增加得非常缓慢，基本趋向饱和。

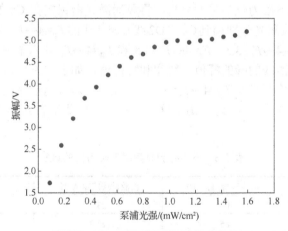

图 7.14　不同泵浦光强下的色散谱线幅值

从光泵浦的过程来看，由于光泵浦作用原子会不断往磁量子数高的能级转移，形成极化效应。而各种弛豫效应又会导致极化的原子重新分布，因此各塞曼子能级上不断有原子持续吸收泵浦光。在一定的光强下，最终达到一个动态平衡状态，原子表现出一定的极化效应。随着泵浦光的增强，泵浦速率变大，极化效应不断增强。当光强达到一定程度时，泵浦速率远大于弛豫速率，造成的结果是所有原子被堆积到磁量子数高的能级，对于 D1 线 $F_g=3 \rightarrow F_e=4$ 线泵浦而言，最终 $F_g=3$ 上的原子都被泵浦到了 $F_e=4$ 线上。而基态 $F_g=3$ 上已经没有原子继续吸收泵浦光，极化达到饱和状态。

如前文所述，泵浦光还会导致磁力仪线宽增加。图 7.15 所示为色散谱线线宽随泵浦光强的变化关系。从图中可知，随着泵浦光强的增加，线宽持续增加，整个过程呈现线性的变化关系。对图中的数据做了线性拟合，拟合结果为 $\Delta f=13.7 \times I_{pu}+16.0$，其中 Δf 的单位为 Hz，I_{pu} 的单位为 mW/cm²。这表明，泵浦光强每增加 1mW/cm²，磁力仪线宽会增加 13.7Hz。当泵浦光强为 0.62mW/cm² 时，由泵浦光引起的线宽约为 8.5Hz。为了综合显示出泵浦光强对磁力仪灵敏度的影响，将不同光强下磁力仪色散谱线的特征值绘于图 7.16 中。由于磁力仪中泵浦光和检测光是垂直结构，泵浦光强的增加并不会带来明显的噪声，因此图 7.16 中 κ 值的大小也反映了不同泵浦光强下磁力仪的灵敏度。从图 7.16 可知，当泵浦光强在 0.5～0.7mW/cm² 的范围内时，磁力仪的灵敏度最高。

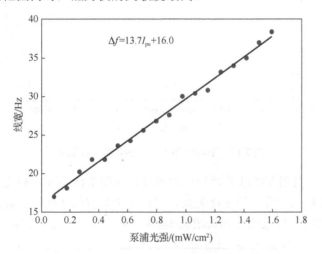

图 7.15　不同泵浦光强下的色散谱线线宽

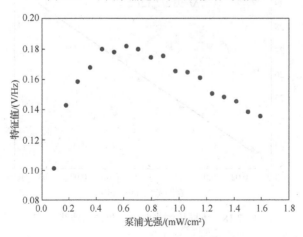

图 7.16　不同泵浦光强下的 κ 值

　　增加检测光强可以提高磁力仪的信号幅度, 但同时也会引起更大的弛豫速率。图 7.17 所示为色散谱线峰峰值随检测光强的变化关系。随着检测光强增加, 磁力仪信号的幅值不断增加。但检测光增加除了会使信号加强外, 其引入的噪声也随之增加, 并不能有效改善信噪比。

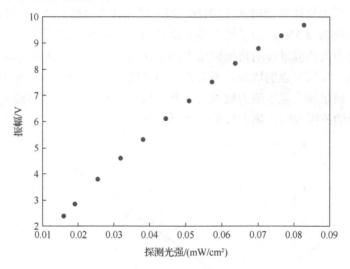

图 7.17　不同检测光强下的色散谱线幅值

　　除此之外, 其引起的线宽增加也很明显, 如图 7.18 所示。磁力仪线宽随检测光强的增加过程也呈线性的变化关系。对图中的数据做了线性拟合, 拟合结果为 $\Delta f = 95.2 \times I_{pr} + 21.2$。即泵浦光强每增加 $1\,mW/cm^2$, 磁力仪线宽会增加 $95.2\,Hz$。

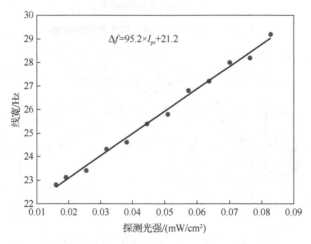

图 7.18　不同检测光强下的色散谱线线宽

　　对比图 7.15 可知, 检测光引起的线宽增加速度远高于泵浦光, 这也说明了检测过程对极化状态的干扰很明显。因此，检测光强必须要非常小，以避免破坏原子的极化状态。在实际的试验过程中，通常将检测光设定为 0.03mW/cm², 对应的绝对光功率约为 1μW。结合泵浦光强下线宽的拟合数据可知，当泵浦光强为 0.62mW/cm², 检测光为 0.03mW/cm² 时，由泵浦光引起的线宽约为 8.5Hz，由检测光引起的线宽约为 2.9Hz，此条件下试验得到的磁力仪线宽约为 24.2Hz。由此可知，此时由自旋交换碰撞、自旋破坏碰撞等弛豫过程引起的线宽约为 12.8Hz。

7.3.3　泵浦光光斑大小的影响

为了研究泵浦光光斑大小对磁力仪灵敏度的影响，对泵浦光进行了扩束，并通过一个可变光阑来调节泵浦光光斑的大小。在试验过程中，泵浦光经过扩束光路后的光斑直径约为 12mm。为了避免光斑较大时光强空间分布不均匀对试验造成影响，在研究光斑大小对磁力仪影响的过程中将扩束光路后的可变光阑直径分别设置为 2mm、4mm、6mm 和 8mm，并将进入扩束光路前的光功率设固定为 700μW。图 7.19 所示为不同光斑尺寸下磁力仪色散谱线的峰峰值变化。从中可以看出，随光斑尺寸加大，磁力仪信号的幅值增加。这是由于泵浦光光斑变大时，泵浦光和检测光的有效作用体积变大，参与检测过程的有效极化原子数增加，从而使磁力仪的信号幅度增加。

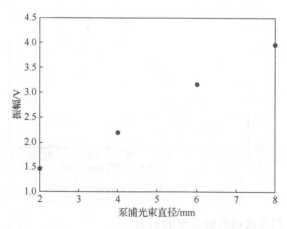

图 7.19　不同光斑大小下的色散谱线幅值

图 7.20 显示了随泵浦光斑增大，由于泵浦光的功率增加，导致弛豫速率也在增加，使磁力仪色散谱线的线宽变宽。但相比而言，随着光斑尺寸加大，磁力仪的幅值比线宽增加得更快，因而 κ 明显变大，如图 7.21 所示。

如果原子气室足够大，则泵浦光斑的直径越大越好。但实际使用过程中，除了磁力仪的灵敏度外，还需要考虑其空间分辨率。原子气室尺寸越大，则磁力仪的空间分辨率越低。因此，在固定的原子气室尺寸下，泵浦光束直径的选择应尽量能覆盖整个原子气室，从而获得最大的有效作用体积。除此之外，使检测光在原子气室内多次反射也能显著提高有效作用的原子数，从而极大增加磁力仪的信号幅度。

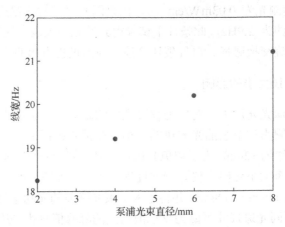

图 7.20　不同光斑大小下的色散谱线线宽

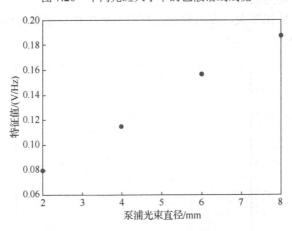

图 7.21　不同光斑大小下的色散谱线 κ 值

7.3.4　泵浦光调制波形和调制幅度的影响

　　Bell-Bloom 磁力仪是通过对激光进行调制来达到磁共振的目的。当泵浦光调制频率与磁场导致的拉莫尔进动频率一致时，磁力仪的极化信号最大。为了使磁力仪物理系统工作在最佳条件下，在试验中，研究了泵浦光调制波形为方波和正弦波时，不同调制电压情况下磁力仪色散谱线的特点。

　　图 7.22 所示为泵浦光调制器在不同调制电压下磁力仪色散谱线的幅值变化。从图中可知，随着调制电压增加，磁力仪信号不断增强。开始信号增加较快，之后逐渐变缓。这是由于随着调制电压升高，透过泵浦光调制系统的光强逐渐增加，

从图 7.14 可知，磁力仪信号幅度在光强小时增加较快，而随着光强增加，信号幅度增加变慢。从图 7.22 中还可以看出，采用方波调制的信号要比正弦波调制时大，随着调制电压升高，其幅值之比在 1.24～1.10 变化。方波实际上可以看成很多次谐波组成，其傅里叶展开后的基频幅值与方波幅值之比为 4/π≈1.27。这表明，采用方波调制后，透过调制系统的泵浦光的基频幅度要比正弦调制时大 1.27 倍。即在同样的调制电压下，方波调制时基频项的光强比正弦调制时大，因此磁力仪色散谱线的幅度也较大。虽然方波调制时与正弦调制时光强之比不变，但随着调制电压升高，透过的光强增加，信号增加的幅度会变缓。因此，方波调制时信号幅度的增加倍数比光强的增加倍数略小，并随着调制电压的升高增大倍数变小。

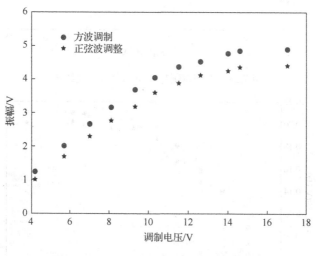

图 7.22　不同调制幅度下的色散谱线幅值

图 7.23 为色散谱线线宽随调制电压的变化。从图中可知，线宽随调制电压的升高逐渐增加。这是由于随着调制电压增加，透过光强增大，由泵浦光导致的弛豫速率增加，因而磁力仪的线宽增加。由于方波调制时基频分量强度比正弦调制时大，因此方波调制时的线宽始终比正弦调制要宽。图 7.24 显示了磁力仪特征值随调制电压的变化。从图中可以看出，随调制电压升高，κ 值逐渐增加，并最终趋于饱和值。由于 EOM 是通过不同的驱动电压引起的双折射效应来改变入射线偏振光的偏振态，从而使透过检偏器的光强改变。当调制电压正好使线偏振光偏转 90° 时，透过光强最大。如果继续增加调制电压，则偏转角会大于 90°，此时会使调制后的光信号波形失真，共振频率分量的光强不再增加甚至减小，磁力仪的信号不再升高。当调制电压在 16V 附近时，磁力仪色散谱线的特征值达到最大值，此时的灵敏度最高，并且方波调制时特征值要高于正弦调制。因此，在磁力仪的试验中，通常采用方波调制，并将调制电压设定为 16V。

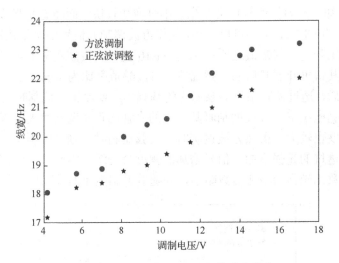

图 7.23　不同调制幅度下的色散谱线线宽

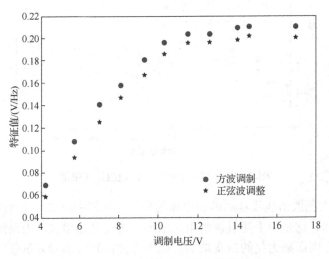

图 7.24　不同调制幅度下的色散谱线 κ 值

参 考 文 献

[1] Acosta V, Ledbetter M P, Rochester S M, et al. Nonlinear magneto-optical rotation with frequency-modulated light in the geophysical field range. Physical Review A, 2006, 73(5): 053404.

[2] Groeger S, Bison G, Weis A. Design and performance of laser-pumped Cs-Magnetometers for the planned UCN EDM experiment at PSI. Journal of Research of the National Institute of Standards and Technology, 2005, 110(3): 179-183.

[3] 韩龙, 朱长春, 郝荣, 等. 示波器上升时间计量的误差分析. 计量与测试技术, 2011, 38(10): 53-54.

[4] Seltzer S J, Romalis M V. Unshielded three-axis vector operation of a spin-exchange-relaxation-free atomic magnetometer. Applied Physics Letters, 2004, 86(20): 4804-4806.

第8章 铯原子磁力仪闭环系统的研制与测试

前面的章节完成了铯原子磁力仪物理系统的研制和相关参数的分析，确定了铯原子磁力仪物理系统的最佳工作条件，并对物理系统的性能进行了评估，但尚未完成磁力仪的自动实时测量。原子磁力仪是通过实时跟踪拉莫尔进动频率来获知外磁场大小的，因此需要对物理系统输出的信号进行鉴别，从而实时判断出共振频率，此部分即为铯原子磁力仪的频率跟踪系统。本章在比较几种常用的频率跟踪锁定方法后，基于铯原子磁力仪的色散谱线，完成了铯原子磁力仪数字自动频率跟踪系统的研制，实现了铯原子磁力仪的闭环工作并进行了实际测试。在对恒定磁场进行 1min 短期测量时，磁力仪闭环系统时域峰峰值抖动在 3pT 以内。在进行 1h 长期连续测量时峰峰值抖动在 9pT 以内，闭环后磁力仪系统的灵敏度达到了 $0.12\text{pT/Hz}^{1/2}$，3dB 响应带宽为 1.2Hz。

8.1 铯原子磁力仪共振频率跟踪锁定的方法

铯原子磁力仪经过锁相后的同相信号具有色散线型，正交信号具有吸收线型。当泵浦光调制频率等于拉莫尔进动频率时，吸收信号具有最大值，色散信号幅值为零。因此，这两种谱线都可以作为调制频率是否与拉莫尔进动频率共振的鉴别标准。对于吸收谱线，要确定外磁场大小，需要实时跟踪锁定其峰值对应的泵浦光调制频率。而对于色散谱线，则需要实时跟踪锁定其零点对应的调制频率。常用的判断共振频率并进行反馈控制的方法有正弦调制锁频、半高宽锁频和色散零点锁频[1-4]。

8.1.1 正弦调制锁频

对于磁力仪信号的吸收谱线而言，要精确判断共振频率，首先需要准确判断出谱线峰值，其次当泵浦光调制频率偏移共振频率处时，需要及时判断偏移方向并送出反馈控制信号，对泵浦光调制频率进行纠正，使其等于共振频率。但吸收谱线的特点是在共振频率两侧具有偶函数性质，当泵浦光调制频率低于或高于共振频率时幅值均小于峰值，因此仅仅从幅值变化本身无法判断出频率的偏移方向。为了判断频率偏移方向并定量给出反馈信号，最常用的方法是在泵浦光的调制频率中加入一个正弦调制信号，使泵浦光调制频率在峰值对应频率附近产生人为的频率抖动，即正弦调制锁频。

正弦调制锁频的过程如图 8.1 所示，进入共振区后，在泵浦光调制信号中引入一个正弦调制，使泵浦光调制频率在峰值对应频率附近抖动，即泵浦光调制频率在 $\omega_p \pm \Delta\omega$ 内以正弦变化。当 $\omega_p = \omega_0$ 时，锁相输出值不断从最小值变化到最大值，变化频率为正弦调制频率的 2 倍，即产生倍频信号，此即跟踪锁定后的信号特点。正弦调制信号与锁相输出信号经过混频和低通滤波后，得到对应不同调制频率时的直流信号。当 $\omega_p = \omega_0$ 时，直流量为零，当 $\omega_p \neq \omega_0$ 时，直流量出现正值或负值，呈现色散曲线。此信号即可作为频率鉴别信号反馈给频率发生器，实时调整泵浦光调制频率，使其与拉莫尔进动频率相等。

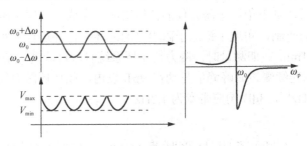

图 8.1　正弦调制锁频

8.1.2　半高宽锁频

对于吸收谱线，另一种方案是通过半高宽处幅值之差为零来确定共振频率。对泵浦光频率进行方波调制，调制幅度为吸收谱线的半高宽，即泵浦光调制频率一次为 $\omega_p + \Delta\omega$，一次为 $\omega_p - \Delta\omega$。$\Delta\omega$ 为吸收信号的半高半宽，ω_p 为泵浦光的中心调制频率。之所以选取半高宽处，是因为吸收谱线在此处的斜率最大，对频率变化最敏感。在 $\Delta\omega$ 固定的条件下，通过扫描 ω_p，即可实现频率的自动纠正。当 $\omega_p = \omega_0$ 时，$\omega_p \pm \Delta\omega$ 两个调制频率下的幅度正好相等，差值为零；当 ω_p 偏向低频时，$\omega_p + \Delta\omega$ 幅值大，差值为正；当 ω_p 偏向高频时，$\omega_p + \Delta\omega$ 幅值小，差值为负。

吸收谱线可以通过矢量锁相得到，此时谱线与相位无关，因此利用吸收谱线可以避免对相位的搜寻，并且谱线的整体抖动也不会影响对共振频率的判断。但正弦调制锁频和半高宽锁频这两种方法都需要对调制频率进行额外调制，工作相对复杂。并且半高宽锁频时由于泵浦光频率以方波变化，磁力仪物理系统容易产生振荡。

8.1.3　色散零点锁频

相对于吸收谱线，色散谱线具有天然的过零点，并且在零点处斜率最高。这为高灵敏度的频率跟踪提供了很好的参考。色散谱线不需要进行任何调制，即可实时判断频率的偏移方向并进行负反馈。但相对而言，利用色散谱线也有不利因素。如果利用吸收谱线，可以进行矢量锁相，不必考虑相位的影响；而如果利用色散曲线，只能通过同相的信号来获得，在应用中需要考虑相位的影响。但相比起来，色散谱线不需要另加抖动信号，不会引入人为的噪声，控制简单，因此在自动频率跟踪系统中，采用色散谱线作为参考来实时跟踪拉莫尔进动频率。

当泵浦光调制频率等于拉莫尔进动频率时，信号幅值为零，送入频率控制系统的反馈信号为零，泵浦光频率保持在共振处。当泵浦光频率小于拉莫尔进动频率时，信号值为正，此信号幅值和频率与零点幅值和频率做比较，按照一定的比例系数对频率控制系统进行反馈，从而使泵浦光频率增加。同理，当泵浦光调制频率大于拉莫尔进动频率时，信号值为负，作为反馈信号输入后使泵浦光频率减小。正弦调制锁频方法中最后也是通过混频积分后获得的色散线型信号作为鉴频曲线，而采用同相信号锁频时，不需要引入调制就可得到色散线型并且可以直接作为鉴频信号。在实际应用中，通常采用数字比例积分微分（proportional-integral-derivative，PID）控制技术来控制频率增量，达到快速稳定的频率调节目的。

8.2　铯原子磁力仪数字频率跟踪系统的研制

8.2.1　数字频率跟踪系统的方案设计

由于铯原子磁力仪的同相信号具有色散线型，因此采用色散谱线作为磁力仪的频率鉴别信号。图 8.2 是根据色散零点锁频而设计的数字自动频率跟踪系统（digital automatic frequency tracking，DAFT）的方案图，主要包括数据采集、数字锁相、频率鉴别控制和调制信号产生四部分。EOM 的调制信号由现场可编程门阵列（field programmable gate array，FPGA）产生，调制后物理系统输出的模拟信号经过模数转换（analog-to-digital converter，ADC）后进入嵌入式控制器中，控制器以 FPGA 发出的信号作为参考信号与 ADC 采集回的信号进行数字锁相放大（digital lock-in amplifier，DLIA）处理，得到磁力仪的同相信号，即色散曲线。控制器实时判断锁相信号的幅值并与零点进行比较，进而反馈控制 FPGA 的输出频率，实现拉莫尔进动频率的自动跟踪锁定。

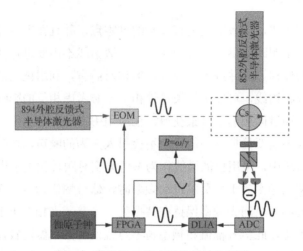

图 8.2　数字自动频率跟踪系统方案图

8.2.2　系统的工作流程

　　根据数字自动频率跟踪系统的设计方案,采用 NI 公司的高精度数据采集卡实现模数转换。选用的数据采集卡的精度为 24bit,最高采样速率为 204.8kS/s,可实现两路模拟信号同步采样。在系统中,FPGA 同时输出两路信号,一路信号作为 EOM 的驱动,另一路送入高精度 ADC 中。即 ADC 对 FPGA 的参考信号和磁力仪中平衡探测器的输出信号进行同步采样,以便于后续处理。

　　频率跟踪系统的一个重要功能是要实现对频率偏移的高精度鉴别,因此需要尽量避免各种噪声对磁力仪信号的影响。在实际频率跟踪系统中集成了数字锁相功能,便于只提取与参考信号频率相同的成分,抑制其他频率的噪声分量。锁相放大是一种对微弱信号进行检测的有效手段,其基本原理是基于相关运算,图 8.3 为典型的锁相放大器原理图。

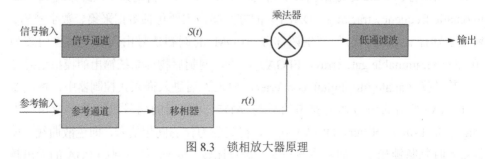

图 8.3　锁相放大器原理

设输入信号为包含待测信号和其他噪声分量之和，表示为

$$S(t) = A_1 \sin(\omega t) + N(t) \tag{8.1}$$

参考信号为与待测信号频率相同的正弦信号，但存在一定的相位差，表示为

$$r(t) = A_2 \sin(\omega t - \phi) \tag{8.2}$$

经过相关运算后，其结果为

$$
\begin{aligned}
R_{Sr}(t) &= \lim_{T \to \infty} \frac{1}{T} \int_0^T S(t)r(t)\mathrm{d}t \\
&= \lim_{T \to \infty} \frac{1}{T} \int_0^T A_1 \sin(\omega t) \cdot A_2 \sin(\omega t + \phi)\mathrm{d}t + \lim_{T \to \infty} \frac{1}{T} \int_0^T N(t)r(t)\mathrm{d}t \\
&= \lim_{T \to \infty} \frac{1}{T} \int_0^T \left[\frac{1}{2} A_1 A_2 \cos\phi - \frac{1}{2} A_1 A_2 \cos(2\omega t - \phi) \right]\mathrm{d}t + \lim_{T \to \infty} \frac{1}{T} \int_0^T N(t)r(t)\mathrm{d}t \\
&= \frac{1}{2} A_1 A_2 \cos\phi
\end{aligned}
\tag{8.3}
$$

从相关函数的计算过程可以看出，由于噪声分量与待测信号不相关，因此其相关函数值为零。即锁相放大器将与参考信号频率不相同的噪声分量全部滤除掉。在磁力仪系统中，待测信号是由 EOM 调制产生的，因此待测信号频率与参考信号频率相同。待测信号与参考信号相乘后，产生一个直流项和一个倍频项，倍频信号经过长时间积分后为零，最终只剩下直流项。通过移相器调节参考信号相位，可以使输出值最大。在我们的数字锁相过程中，移相过程可方便地通过输出指令控制 FPGA 实现。长时间的积分相当于模拟电路中的低通滤波过程。

对于 Bell-Bloom 铯原子磁力仪而言，经过数字锁相后的同相信号具有色散线型，正交信号具有吸收线型。通过嵌入式控制器对磁力仪的同相信号幅值进行判断，并按照一定的比例系数（比例系数可调）反馈控制 FPGA 的频率输出，使其输出频率实时调整。在所用的系统中，FPGA 的输出精度为 16bit，其产生一个峰峰值为 1V 频率为 ω 的正弦信号。从 7.3 节讨论可知，当调制幅度为 16V 时磁力仪的灵敏度最高。因此，在进入 EOM 之前，FPGA 的输出信号首先经过一个放大电路，而后以 ±8V 送入 EOM 中驱动器中。同时，FPGA 的另一路同样频率的信号，不需要经过放大电路而是直接送入 ADC 中，作为后续数字锁相的参考信号。为了保证 FPGA 频率输出的稳定度，放弃其内部晶振作为时钟信号，而是外接了一个铷原子钟作为时钟基准。铷原子钟相比于晶振拥有更好的长期频率稳定性，避免了 FPGA 输出频率和相位抖动引起的噪声。

8.3　铯原子磁力仪闭环性能测试

8.3.1　磁场跟踪测试

在完成磁力仪频率跟踪系统的研制后，首先对闭环系统的工作状态进行了测试。如图 8.4 所示，通过信号源给亥姆霍兹线圈通入方波电流，即产生一个方波变化的磁场，测试磁力仪闭环系统是否能对磁场进行自动跟踪锁定。

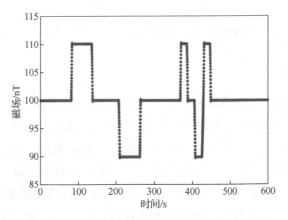

图 8.4　磁场跟踪试验

首先，将磁场设定为 100nT 的直流磁场。从图中可以看出，此时磁力仪闭环系统的输出值也稳定在 100nT。当磁场增大或减小约 10nT 时，磁力仪闭环系统输出值也同样增大或减小 10nT。在测试中，还改变了磁场变化频率，并且不经历初始状态（100nT），从 90nT 直接变化到 110nT，磁力仪闭环系统依然能跟踪到。这说明铯原子磁力仪的数字自动频率跟踪系统能正常工作，磁力仪系统能实时自动跟踪并锁定待测磁场，实现了闭环工作。

8.3.2　闭环灵敏度测试

在完成磁力仪最基本的功能——对磁场进行自动测量后，磁力仪闭环工作后整体系统的性能无疑是最令人关心的。其中磁力仪输出值的抖动和灵敏度是非常重要的内容。为了验证磁力仪闭环后的性能，通过给亥姆霍兹线圈加入一个直流电流，产生稳定的待测磁场。首先，测试了磁力仪闭环后短期测量时的性能，如图 8.5 所示，在对恒定磁场进行 1min 连续测量时，记录了原子磁力仪实时的测量值。从图中可以看出，在 1min 内，磁力仪的时域峰峰值抖动在 3pT 以内。这已经与使用的恒流源噪声带来的磁场抖动在同一水平上。

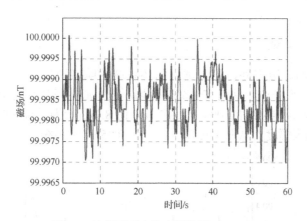

图 8.5　铯原子磁力仪实测数据（1min）

　　除了短时测量外，还对磁力仪闭环系统进行了 1h 的长时间连续测试。图 8.6 所示为采样率在 8Hz 时，对稳定磁场进行 1h 连续测量得出的。从中可以看出，铯原子磁力仪闭环系统的峰峰值抖动在 9pT 以内。图中测量值呈现出缓慢的漂移，这来自于恒流源输出电流的慢漂，这也是长时间测量相比短时间测量时抖动增大的主要原因。

　　磁力仪的闭环灵敏度可采用对时域数据进行 Allan 方差分析来得到，通常在采样时间大于 20 倍采样间隔后，认为计算值是可信的。因此，对图中 1h 的数据进行 Allan 方差分析[5]：

$$\delta B = \sqrt{\frac{\sum\limits_{i=1}^{N-1}(B_{i+1}-B_i)^2}{2(N-1)} \cdot \tau} \tag{8.4}$$

式中，δB 代表了铯原子磁力仪的灵敏度；B_i 代表测量数据点；N 为数据个数；τ 为采样时间间隔。铯原子磁力仪的采样率为 8Hz，采样间隔约为 0.12s，将图 8.6 中的数据代入上式可得铯原子磁力仪的灵敏度约为 $0.12\mathrm{pT/Hz}^{1/2}$。

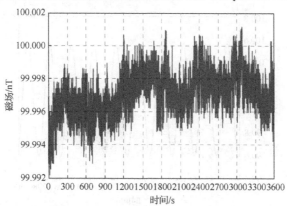

图 8.6　铯原子磁力仪实测 1h 数据

8.3.3 响应速度测试

除磁力仪的灵敏度外，还测试了闭环系统的响应速度。通过信号源对亥姆霍兹线圈产生交变电流，从而产生交变磁场。在中心磁场值约为100nT时，交变磁场的峰峰值为设定磁场的1%，约为1nT。图8.7所示为系统在低频交变磁场时（0.05Hz）的响应幅度。从图中可以看出，在0.05Hz时系统的响应为100%。

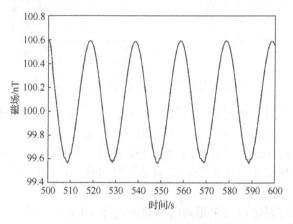

图8.7　0.05Hz响应

增加交变磁场的频率到0.5Hz，磁力仪响应峰峰值约为0.98nT，如图8.8所示。继续增大交变磁场的频率到1Hz，磁力仪闭环系统的响应如图8.9所示，从图中可以看出，此时系统的响应约为0.6nT，仍然大于低频时的50%。当磁场变化频率增大到1.2Hz时，磁力仪的响应幅度减小到0.5nT，如图8.10所示，为低频时的一半。说明系统在交变磁场的变化幅度为1nT时，铯原子磁力仪闭环系统的3dB响应带宽为1.2Hz，此状态下磁力仪物理系统的响应带宽约为22Hz，而闭环后系统的带宽仅为1.2Hz，这说明磁力仪闭环系统的带宽还有很大的优化空间。

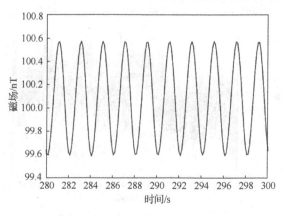

图8.8　0.5Hz响应

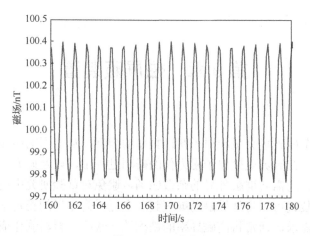

图 8.9　1Hz 响应

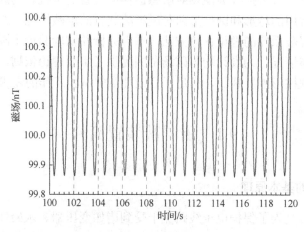

图 8.10　1.2Hz 响应

参 考 文 献

[1] Wojciech G, Jerzy Z. Stabilization of diode-laser frequency to atomic transitions. Optica Applicata, 2004, 34(4): 607-618.

[2] 陈长水, 王芳, 刘颂豪, 等. 半导体激光器稳频技术综述. 量子电子学报, 2010, 27(5): 513-520.

[3] Yashchuk V V, Budker D, John R D. Laser frequency stabilization using linear magneto-optics. Review of Scientific Instruments, 2000, 71(2): 341-346.

[4] 马杰, 赵延霆, 赵建明, 等. 利用偏振光谱对外腔式半导体激光器实现无调制锁频. 中国激光, 2005, 32(12): 1605-1608.

[5] 赵思浩, 陆明泉, 冯振明. MEMS 惯性器件误差系数的 Allan 方差分析方法. 中国科学: 物理学 力学 天文学, 2010, 40(5): 672-675.

第 9 章　磁屏蔽装置

　　环境中的杂散磁场会引起原子跃迁频率的漂移，从而影响磁场测量装置的测量结果。因此，在高灵敏度原子磁力仪的研制过程中，以及研究原子共振光谱与磁场的关系时，均需要屏蔽外界的杂散磁场，避免对试验研究中所需特定磁场的干扰。磁屏蔽装置可以将外界磁场屏蔽到一个近乎为零场的稳定空间，根据实际研究和应用的需求，通常将高磁导率的铁磁性（软磁）材料制作成球形壳或圆柱形筒状，从而有效屏蔽掉外界磁场对敏感器件或设备的干扰。为此，本章全面、系统地研究了常用的球形和圆柱形两种磁屏蔽装置的屏蔽性能，给出了单层及多层磁屏蔽装置屏蔽系数的理论计算方法，重点分析并试验验证了圆柱形磁屏蔽筒轴向磁场的分布情况，为设计均匀磁场范围提供了重要理论依据。根据理论仿真结果所制作的圆柱形磁屏蔽筒，满足了后续几章中试验工作的需求。

9.1　磁屏蔽装置简介

9.1.1　磁屏蔽的基本原理

　　磁屏蔽通常是为了保护电子线路免于受到诸如变压器、永磁体、线圈等产生磁场的干扰，或者屏蔽强磁干扰源以免其干扰附近的元器件。磁屏蔽装置也可以为研制高灵敏度原子磁力仪及标定其他磁力仪提供必备的空间需求，以避免地磁场和环境杂散磁场带来的影响。

　　磁屏蔽装置通常是由高磁导率的铁磁性材料，比如坡莫合金、镍铁合金和非晶态合金等制作而成。物体导磁能力的强弱用磁导率来表示，用 μ 来代表。非铁磁性物体的磁导率，其值与真空磁导率的大小相当，即 $\mu \approx \mu_0$；而具有铁磁性质的物体，其磁导率就相对大很多，即 $\mu \gg \mu_0$。铁磁材料的磁导率不是一个常数，它可随施加场的频率、温度、湿度、磁场强度等参数变化。表 9.1 是几种典型磁材料的相对磁导率（$\mu_r = \mu/\mu_0$）。

　　磁屏蔽的原理可以借助并联磁路的概念来说明，如图 9.1 所示，将磁屏蔽装置置于外磁场中，则屏蔽壳的壁与其所围成空腔中的空气可以看作是并联的磁路，由于空气的磁导率接近于真空磁导率 $\mu_0 = 1$，而屏蔽壳的磁导率远大于 1，因此空腔的磁阻比屏蔽壳壁的磁阻大很多。这样一来，外磁场的磁感应通量中绝大部分将在空腔周围的屏蔽壳壁内"通过"。相对地,"进入"空腔内部的磁通量就会小很多,这样就可以实现磁屏蔽的效果。

表 9.1 常用铁磁材料的相对磁导率

材料名称	相对磁导率（$\mu_r = \mu/\mu_0$）
铸铁	200~400
硅钢片	7000~10000
镍锌铁氧体	10~1000
锰锌铁氧体	300~5000
坡莫合金	$2 \times 10^4 \sim 2 \times 10^5$
μ合金	25000（B=2nT 时）
透磁合金	10000（B=2nT 时）
电炉钢	5000 （B=2nT 时）

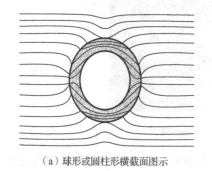 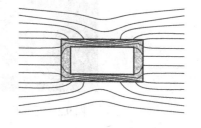

（a）球形或圆柱形横截面图示　　　　　（b）圆柱形轴向截面图示

图 9.1 磁屏蔽装置周围磁场分布

9.1.2 磁导率的影响因素

由表 9.1 可以看出,铁磁材料的磁导率并非一成不变,将材料内部磁感应强度对磁导率的影响记为$\mu(B)$。μ会随着磁场强度的增大而增大,比如当磁场约为0.2T 时,合金的磁导率μ会从初始磁导率$\mu(0)$迅速增大到接近 10 倍于$\mu(0)$的值。然而当磁场增大到一定值时,材料会出现磁感应饱和现象,此时μ不会再继续增大反而会迅速降低,从而失去磁屏蔽效果,所以在选择屏蔽材料和设计装置的过程中要特别注意。表 9.2 是几种常用磁屏蔽材料的最大磁导率。

表 9.2 常用屏蔽材料的最大磁导率

材料名称	饱和磁场值/T	最大磁导率/μ_{max}
80%镍	0.8	40000
48%镍	1.5	150000
Cryoperm10	0.9	250000
超低碳钢	2.2	4000

注：Cryoperm10 是一种高磁导率镍铁合金

　　除此之外，材料的磁导率与温度也有很大关系。在芯片级原子磁力仪的研制中需要用到尺寸很小的磁屏蔽装置。图 9.2 是美国国家标准技术研究院研制芯片级原子磁力仪时，所用到的只有硬币大小的 5 层磁屏蔽筒[1]。相对于较大的装置来说，小体积的屏蔽装置更容易受到环境温度的变化，这时温度会给材料磁导率带来一定的影响。初始磁导率是一个结构敏感量，受很多因素的影响，因此很难从理论上预测温度变化过程中初始磁导率的变化规律，只能采用试验的方法来研究 $\mu(T)$ 曲线[2]。

图 9.2　五个不同尺寸的小型磁屏蔽装置[1]

　　此外，根据实际研究和应用的需求，在制作磁屏蔽装置时一般需要将这些高磁导率的材料制作成球形壳、柱形筒等形状，这是因为若要使磁力线旋转 90° 困难很大，而改变球形或圆柱形盒体的磁力线方向要比具有方形角的屏蔽体容易，因此设计磁屏蔽装置的原则是使能够提供低磁阻路径的屏蔽体形状尽量简单。

9.2　磁屏蔽装置的屏蔽系数

9.2.1　单层球形屏蔽装置的屏蔽系数

　　磁屏蔽系数被定义为磁屏蔽装置外部磁场 H_{out} 与内部磁场 H_{in} 的比值[3]：

$$S \triangleq \frac{H_{out}}{H_{in}} \tag{9.1}$$

　　早在 1968 年，Thomas 等就计算出了单层球形屏蔽装置的磁屏蔽系数，其精确表达式为[4]

$$S_{球} = 1 + \frac{2}{9}\mu_r\left[1 - \left(\frac{R_{in}}{R_{out}}\right)^3\right] \tag{9.2}$$

式中，μ_r 为磁屏蔽装置制作材料的相对磁导率；R_{in} 和 R_{out} 分别为球形壳的内外半径，则屏蔽装置的厚度 t 为

$$t = R_{out} - R_{in} \tag{9.3}$$

当 $\mu_r \gg 1$ 且 $t \ll R$（R 为 R_{in} 和 R_{out} 的平均值）时，式（9.2）可以简化为

$$S_{球} = 1 + \frac{2}{3}\frac{\mu_r t}{R} \tag{9.4}$$

或近似为

$$S_{球} = \frac{2}{3}\frac{\mu_r t}{R} \tag{9.5}$$

由此可见，球形屏蔽装置的屏蔽系数会随着球体半径的增大而减小，而球壳厚度的增加有利于屏蔽效果的增强。实际应用中，应根据需求尽量缩小球体体积，并在材料成本允许的情况下适当增加厚度。

9.2.2　单层圆柱形屏蔽装置的屏蔽系数

从金属制作和工艺加工的角度来说，圆柱形结构相对于其他形状的屏蔽装置更容易实现，从而成为最常用的一种设计结构。若外界环境磁场方向垂直于磁屏蔽筒的轴向方向，当材料的相对磁导率 $\mu_r \gg 1$ 时，圆柱形磁屏蔽筒的横向磁屏蔽系数为[3]

$$S_t = 1 + \frac{1}{4}\mu\left[1 - \left(\frac{R_{in}}{R_{out}}\right)^2\right] \tag{9.6}$$

式中，R_{in} 和 R_{out} 分别为屏蔽筒截面圆的内外半径。当 $t \ll R$ 时，式（9.6）可以简化为

$$S_t = 1 + \frac{\mu_r t}{2R} \tag{9.7}$$

或近似为

$$S_t = \frac{\mu_r t}{2R} \tag{9.8}$$

由此可知，圆柱形磁屏蔽筒的横向屏蔽系数与筒的长度无关。无论是球形还是圆柱形屏蔽装置，R 越小屏蔽系数越大，但是 R 的大小受实际需求空间的限制，不能无限小。而考虑成本问题，又不可能将材料的厚度 t 设计得特别厚，因此制作材料的相对磁导率成为增大磁屏蔽系数的关键因素。

一般情况下，磁屏蔽筒轴向屏蔽系数 S_a 大约比横向屏蔽系数 S_t 小一个数量级，从而限制装置的屏蔽性能。Mager 在 1968 年给出了长度为 L 的单层磁屏蔽筒中心位置处轴向屏蔽系数的表达式[5]：

$$S_a = \frac{1 + 4NS_t}{1 + R/L} \tag{9.9}$$

式中，N 为退磁因子，定义为磁性材料在外加磁场中被均匀磁化后，其内部自身产生的退磁场与材料磁化强度的比例系数，其表达式为

$$N = \left(\frac{1}{p^2 - 1} \right) \left[\frac{p}{\sqrt{p^2 - 1}} \ln(p + \sqrt{p^2 - 1}) - 1 \right] \tag{9.10}$$

其中，参数 $p = L/(2R)$。式（9.9）适用范围为 $1 < p < 40$[6]。由此可以得出退磁因子 N 随屏蔽筒长度 L 与截面半径 R 比值的变化趋势，如图 9.3 所示。

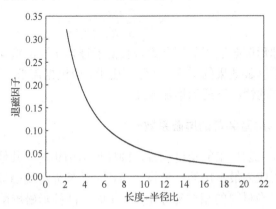

图 9.3　退磁因子 N 随 L 与 R 比值的变化

9.2.3　多层磁屏蔽装置的屏蔽系数分析

由式（9.2）和式（9.6）可知，当球形屏蔽壳或屏蔽筒截面半径趋于无穷大时，屏蔽系数的极限为：$S_球 \to 2\mu t/9$，$S_t \to \mu t/4$。由表 9.1 可知，对于大多数高磁导率的材料来说，初始磁导率最高在 30000 左右，因此单层磁屏蔽装置的屏蔽系数最大值 $S_球 \approx 6700$，$S_t \approx 7500$。在高灵敏度原子磁力仪的研制中，要求探头附近的杂散磁场值基本接近零，以使待测磁场免受干扰。而地磁场的大小约为 5×10^{-5}T，因此 10^3 大小的屏蔽系数显然不足以屏蔽掉地磁场的干扰，于是需要理论计算并设计制作出屏蔽系数更高的多层磁屏蔽装置，以满足试验的需求。

首先，以两层圆柱形磁屏蔽筒为例推导出总磁屏蔽系数表达式，设内外层筒截面圆的平均半径分别为 R_1 和 R_2，每层单独的横向磁屏蔽系数为 S_{t1} 和 S_{t2}。若不考虑内层屏蔽筒的影响，用 H_{out} 表示外界磁场，H'_2 表示第一层之外、第二层之内的磁场，则

$$H'_2 = \frac{H_{out}}{S_{t2}} \tag{9.11}$$

假设 H_{in} 为第一层屏蔽筒内的磁场，如图 9.4 所示。

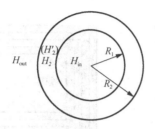

图 9.4　两层圆柱形磁屏蔽筒横截面

此时，如果考虑内层屏蔽筒的影响，设内外两个圆形截面的面积分别为 m_1、m_2，则有[6]

$$H_2 = \frac{H_2' m_2}{m_2 - m_1} \tag{9.12}$$

由以上两个公式可以得出

$$H_{\text{in}} = \frac{H_2}{S_{t1}} = \frac{H_{\text{out}}}{S_{t1} S_{t2} \left(1 - \dfrac{m_1}{m_2}\right)} = \frac{H_{\text{out}}}{S_{\text{tot}}} \tag{9.13}$$

式中，S_{tot} 为两层屏蔽装置的总屏蔽系数，因此

$$S_{\text{tot}} = S_{t1} S_{t2} \left[1 - \left(\frac{R_1}{R_2}\right)^2\right]^{-1} \tag{9.14}$$

以此类推，可得 n 层磁屏蔽系数的表达式为

$$S_{\text{tot}} = S_n \prod_{i=1}^{n-1} S_i \left[1 - \left(\frac{R_i}{R_{i+1}}\right)^j\right]^{-1} \tag{9.15}$$

式中，S_i 和 R_i 分别代表第 i 层屏蔽的磁屏蔽系数和半径，并规定 $R_i < R_{i+1}$，如图 9.5 所示。j 是与屏蔽装置的几何形状有关的量，当 $j=3$ 时，S_{tot} 代表多层球形屏蔽装置的屏蔽系数；当 $j=2$ 时，S_{tot} 代表多层磁屏蔽筒的横向屏蔽系数；当 $j=1$ 时，S_{tot} 代表两端封口磁屏蔽筒的轴向屏蔽系数，此时须用第 i 层屏蔽筒的长度 L_i 来替换公式中的 R_i。

以球形屏蔽装置为例，利用式（9.15）证明双层球形壳的屏蔽效果好于 2 倍厚度的单层屏蔽效果，如图 9.6 所示。图中实线代表双层球形壳的屏蔽系数，设其每层的厚度均为 t，而虚线为单层球形壳的屏蔽系数，其厚度为 $2t$。结果表明：在第一层球形壳大小相等（假设半径均为 15cm）的前提下，随着层间隔的增大（初始值为 1cm），双层球形壳的屏蔽效果始终好于 2 倍厚度的单层球形壳，并出现屏蔽系数的最优值。当层间隔继续增大时，屏蔽筒两端的磁化现象将变得非常严重，从而导致屏蔽系数趋于 1，即失去屏蔽效果，对于实际应用没有意义。

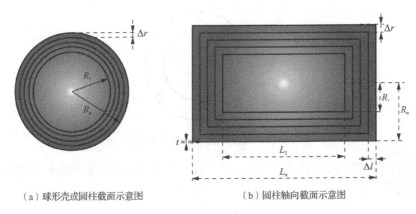

（a）球形壳或圆柱截面示意图　　　　　（b）圆柱轴向截面示意图

图 9.5　五层磁屏蔽筒结构示意图

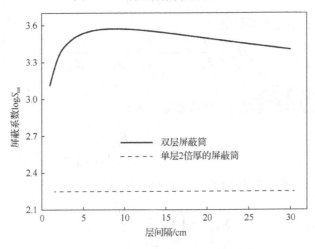

图 9.6　单层与双层磁屏蔽装置的屏蔽系数对比

　　图 9.7（a）是 1~5 层球形磁屏蔽的屏蔽系数，图 9.7（b）是 1~5 层圆柱形磁屏蔽筒的横向屏蔽系数。图中假设第一层球形壳或横截面圆的半径固定为 15cm，且外面每层之间的层间隔相等为 1cm，这种尺寸的假设适用于一般的小型试验性研究，材料相对磁导率为 20000。图中可以看出当磁屏蔽装置仅为一层时，屏蔽系数均小于 100，而五层材料的屏蔽系数明显提高 5~6 个量级。

　　随着层数的继续增加，球形屏蔽的屏蔽系数和圆柱形屏蔽的横向磁屏蔽系数分别在 48 层和 30 层时出现了最大值，如图 9.8 所示。这里需要注意的是，尺寸不同时，最优层数也不同。另外，由图 9.7 和图 9.8 可以看出球形磁屏蔽装置的屏蔽效果明显好于圆柱形磁屏蔽装置，这是由于圆柱形屏蔽筒的两个端面处有直角弯折，而磁力线难以发生直角弯折，不易被束缚在屏蔽筒材料中，可能发生泄露。

　　图 9.9 所示为不同层数圆柱形磁屏蔽筒的轴向屏蔽系数。同样，在一定的层数范围内，1~15 层，屏蔽系数成指数增大，超过 15 层后，屏蔽系数又成指数衰减；

最大值较单层屏蔽壳屏蔽系数提高了约 10^4 倍，因此可以根据实际应用需求，选择出最优设计层数。另外，图 9.8 和图 9.9 说明，相同截面圆半径和层间隔的前提下，多层圆柱形磁屏蔽筒的横向屏蔽系数比轴向屏蔽系数高出几个量级，可见轴向屏蔽系数限制了磁屏蔽筒的屏蔽效果。

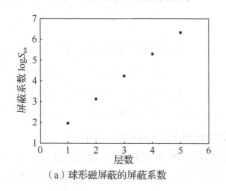
（a）球形磁屏蔽的屏蔽系数

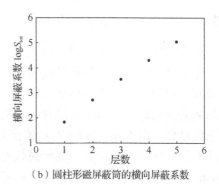
（b）圆柱形磁屏蔽筒的横向屏蔽系数

图 9.7　不同层数（1～5 层）磁屏蔽装置的屏蔽系数

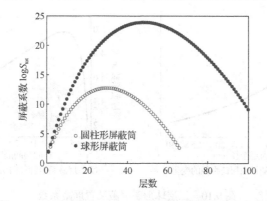

图 9.8　不同层数（0～100 层）磁屏蔽装置的屏蔽系数

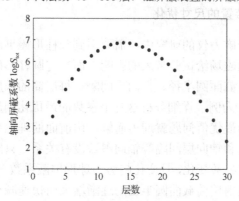

图 9.9　不同层数（0～30 层）磁屏蔽筒的轴向屏蔽系数

9.3　磁屏蔽装置的参数优化

9.3.1　球形屏蔽装置的尺寸优化

在实际应用中，制作材料的成本往往会限制屏蔽装置的制作层数。由前面的理论分析可知，决定球形磁屏蔽装置屏蔽效果的主要因素有两个：每层球形壳的半径和径向层间隔。计算出球壳层数为三层时，磁屏蔽系数随最内层球壳半径和层间隔的变化趋势，如图 9.10 所示，随着最内层球体半径的增大，屏蔽系数呈快速下降趋势，由 5cm 时的 1.76×10^6 变为 20cm 时的 4.55×10^3，约减小三个量级；而随着径向层间隔的增大，屏蔽系数先是呈现快速增大趋势，在径向层间隔约为 6.5cm 处出现最大值，然后呈下降趋势。这些分析为球形屏蔽装置的最优化设计提供了理论参考。

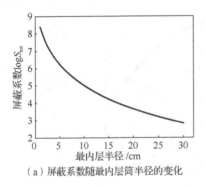
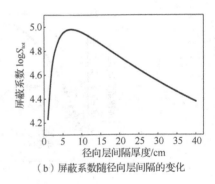

（a）屏蔽系数随最内层筒半径的变化　　　　（b）屏蔽系数随径向层间隔的变化

图 9.10　三层球形磁屏蔽装置屏蔽系数

9.3.2　圆柱形屏蔽装置的尺寸优化

在高灵敏度原子磁力仪的研究中，需要用到圆柱形磁屏蔽筒来避免无处不在的地磁场和外界杂散磁场给试验带来的影响。而决定圆柱形磁屏蔽筒屏蔽系数大小的因素有四个：横截面圆半径、径向层间隔、每层筒的长度及轴向层间隔。下面以表 9.3 中的尺寸为例，详细分析这几个参数的最优化问题，当给定其中三个时，第四个未知量的最优值问题就迎刃而解。由前面的理论分析可知，横向屏蔽系数与屏蔽筒的长度和轴向层间隔等轴向参数没有关系，只随屏蔽筒的截面半径和径向层间隔等径向参数变化，且变化趋势与球形屏蔽系数一致，如图 9.11 所示。横向屏蔽系数随着最内层筒截面圆半径的逐渐增大而快速减小，而在径向层间隔约为 8cm 处出现最大值。

表 9.3　圆柱形磁屏蔽筒尺寸

变量	单位/ cm
最内层筒截面半径 R_1	15
径向层间隔 ΔR	1
最内层筒长度 L_1	35
轴向层间隔 ΔL	5
材料厚度 t	0.1

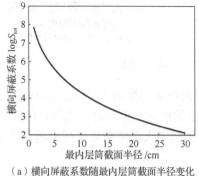

（a）横向屏蔽系数随最内层筒截面半径变化

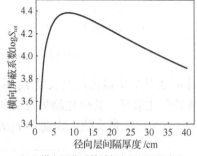

（b）横向屏蔽系数随径向层间隔的变化

图 9.11　三层磁屏蔽筒的横向屏蔽系数

　　图 9.12 给出了影响屏蔽筒轴向屏蔽系数的四种因素,表明:在给定了 4 个因素中的 3 个时,可以理论计算出最内层筒截面半径 R_1 或轴向层间隔 ΔL 的最佳值。而轴向磁屏蔽系数虽然随径向层间隔 ΔR 的增大呈下降趋势,但是变化不明显。用图 9.3 退磁因子 N 与 L_1/R_1 的关系来解释轴向屏蔽系数随 L_1 呈下降趋势的原因:当 $L_1 \rightarrow \infty$ 时, $L_1/R_1 \rightarrow \infty$, $N \rightarrow 0$,所以再由式(9.10)可知轴向磁屏蔽系数 $S_a \rightarrow 1$,从而失去屏蔽效果,文献[3]中也明确指出为得到较大的轴向磁屏蔽系数,圆柱形磁屏蔽筒的长度不能太长。

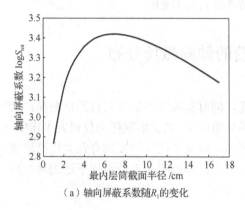

（a）轴向屏蔽系数随 R_1 的变化

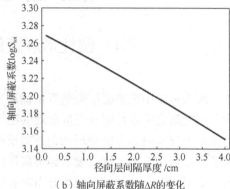

（b）轴向屏蔽系数随 ΔR 的变化

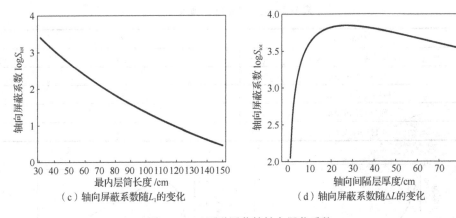

（c）轴向屏蔽系数随L_1的变化　　　　　　（d）轴向屏蔽系数随ΔL的变化

图 9.12　三层磁屏蔽筒轴向屏蔽系数

图 9.13 是给定最内层筒长度 L_1 后，轴向屏蔽系数随 L_1 与最内层筒截面半径 R_1 比值的变化情况，其变化趋势与文献[6]中的理论结果一致：当两者比值约为 6 时，屏蔽系数呈现最大值，而随着 L_1/R_1 的继续增大，屏蔽效果越来越差[3]。

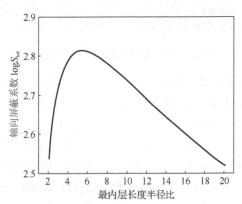

图 9.13　轴向屏蔽系数随 L_1/R_1 的变化

9.4　圆柱形屏蔽筒的轴向磁场分布

因为试验中需要磁屏蔽装置两侧通光，同时实际使用的是圆柱形屏蔽筒，因此下面的研究重点是圆柱形屏蔽筒的磁场分布情况。高灵敏度磁力仪研究工作中，对铯原子气室内各点的磁场均匀性要求很高，以避免磁场梯度的存在对提高磁测灵敏度带来的影响，这就要求磁屏蔽筒内各点磁场值在很小的前提下还须尽量均匀。多层磁屏蔽筒内轴向磁场分布的表达式为[7]

$$H_a(x) \approx H_{ext}\left(1.3\sqrt{\frac{\overline{L}}{2R_1}}e^{-\frac{2.26}{R_1}\left(\frac{\overline{L}}{2}-x\right)}+\frac{1}{S_{tot}}\right) \tag{9.16}$$

式中，H_{ext}、$\overline{L}$ 和 R_1 分别为筒外轴向磁场、平均筒长和最内层筒截面半径；x 代表筒内轴上各点相对中心点的距离。

若磁屏蔽筒两端都有盖子，则为操作者工作带来不便，但若除去盖子又达不到较好的屏蔽效果，因此为使光路通过磁屏蔽筒，需要将两端封口的筒盖打上小孔，小孔半径 $r \ll R_1$，如图 9.14 所示。

图 9.14   盖上打孔的磁屏蔽筒装置

此时考虑两端小孔的影响，式（9.16）式修正为

$$H_a(x) \approx H_{ext}\left(1.3\sqrt{\frac{k\overline{L}}{2R_1}}e^{-\frac{2.26}{r}\left(\frac{k\overline{L}}{2}-x\right)}+\frac{1}{S_{tot}}\right) \tag{9.17}$$

式中，当 $r \ll R_1$ 时，系数 k 约为 1.5。

现有的两个由坡莫合金材料制作的三层磁屏蔽筒，其尺寸为：大屏蔽筒的平均筒长 $\overline{L}$ 为 72.0cm，最内层筒截面半径 R_1 为 15.7cm，两者的比值约为 4.6；小屏蔽筒的平均筒长 $\overline{L}$ 为 61.5cm，最内层筒截面半径 R_1 为 10.3cm，两者的比值约为 6.0，其中小屏蔽筒是为后续几章的试验需求并根据本章理论分析自行设计的。在大小约为 5×10^{-5}T 的地磁场环境中，将磁屏蔽筒的长度方向沿东西方向放置，计算现有两个三层磁屏蔽筒内的轴向磁场分布，并使用中国计量科学研究院研制的 CTM-6W 磁通门磁力仪（又称磁强计，如图 9.15 所示），测量屏蔽筒内中心轴线上各点的磁场值，测量间距为 1cm。如图 9.16 所示，图中实线为理论值，离散点为筒内轴向磁场的实际测量值。

图 9.15　CTM-6W 磁通门磁力仪

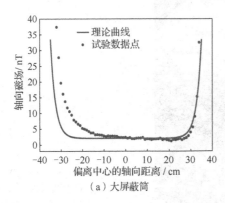

（a）大屏蔽筒

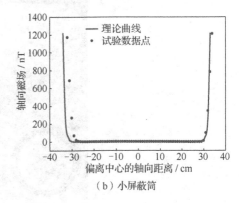

（b）小屏蔽筒

图 9.16　屏蔽筒中心轴上轴向磁场分布值

图 9.17 中显示测量值与理论值基本一致，而测量值中接近两端筒盖处的磁场分布呈现不对称现象的原因是方便使用，屏蔽筒其中一端的盖子设计为可拆卸式，接缝处的漏磁不可避免；小屏蔽筒轴上中心点处的磁场大小约为 0.2nT，且在中心点附近 40cm 的范围内保持很好的均匀性，而大屏蔽筒相同位置处磁场值约为 1.0nT，均匀区约为 25cm。由此可见小屏蔽筒的屏蔽效果稍好于大屏蔽筒，这与图 9.14 中屏蔽系数与筒长和截面半径比值的关系相吻合，小屏蔽筒的两个参数比值 6.0 正好处于图 9.14 中的最优值附近。另外，大屏蔽筒屏蔽效果稍差，主要是因为使用频率较高、端口盖子经常拆卸以致密封不严的原因，而小屏蔽筒的使用时间比较短。

在进行磁场测量设备标定中，除了本章介绍的磁屏蔽筒以外，还有一类动态的主动屏蔽系统（图 9.17）。这种屏蔽系统基于高灵敏度磁力仪测量空间磁场分布，然后利用一层（x、y、z 三轴）线圈或多层线圈来产生与外磁场相反的磁场，从而实现磁屏蔽的效果[8-10]。

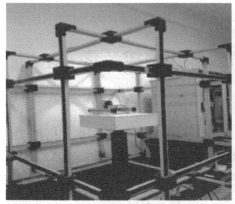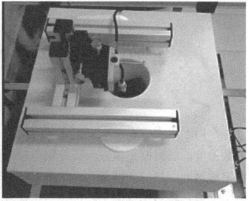

　　　（a）主动屏蔽系统实物图　　　　　　　　　　（b）高温超导环实物图

图 9.17　主动屏蔽系统[8]

参 考 文 献

[1] Donley E A, Hodby E, Hollberg L, et al. Demonstration of high-performance compact magnetic shields for chip-scale atomic devices. Review of Scientific Instruments, 2007, 78(8): 083102.

[2] 王治, 何开元, 尹君, 等. Fe-Cu-Nb-Si-B 合金磁导率与温度关系. 物理学报, 1997, 46(10): 2054-2058.

[3] Mager A J. Magnetic shields. IEEE Transactions on Magnetics, 1970, 6(1): 67-75.

[4] Thomas A K. Magnetic shielded enclosure design in the DC and VLF region. IEEE Transactions on Electromagnetic Compatibility, 1968, 10(1): 142-152.

[5] Mager A. Magnetic shielding efficiencies of cylindrical shells with axis parallel to the field. Journal of Applied Physics, 1968, 39(3): 1914.

[6] Sumner T J, Pendlebury J M, Smith K F. Conventional magnetic shielding. Journal of Physics D: Applied Physics, 1987, 20(9): 1095-1101.

[7] Gubser D U, Wolf S A, Cox J E. Shielding of longitudinal magnetic fields with thin, closely spaced, concentric cylinders of high permeability material. Review of Scientific Instruments, 1979, 50(6): 751-756.

[8] 李园园, 王祝宁, 王三胜. 适用于超高灵敏磁测量的新型高效磁屏蔽研究. 物理, 2017, 46(5): 307-310.

[9] Gozzelino L, Gerbaldo R, Ghigo G, et al. Superconducting and hybrid systems for magnetic field shielding. Superconductor Science and Technology, 2016, 29(3): 034004.

[10] Rabbers J J, Oomen M P, Bassani E, et al. Magnetic shielding capability of MgB_2 cylinders. Superconductor Science and Technology, Superconductor Science and Technology, 2010, 23(12): 125003.

第 10 章　无磁热气流加热温控装置

在原子磁力仪系统中，通常需要对原子气室进行加热，主要目的是提高原子的数密度。线偏振光偏振面旋转角与粒子数密度成正比，温度每升高 10℃，粒子数密度增加一倍，因此增加粒子数密度是提高磁力仪系统信噪比的有效手段。铷原子气室加热系统是磁力仪的重要组成部分，由于通常的电加热方式会引起磁噪声，为此设计制作了一种无磁加热系统，即采用热气流对气室进行加热，在实际应用中实现了 0.1℃ 的温度稳定性，完全满足磁力仪系统要求。同时，需要采用一种无磁测温手段监测气室内工作温度，因此制作了光纤光栅温度传感器，并取得了理想效果。

10.1　几种加热方式的对比分析

在磁力仪中应用的加热方式比较特殊，在加热过程中应该尽量避免引入磁噪声。目前应用的加热方式主要包括以下 5 种。

（1）交流电加热，即采用频率为几十 kHz 的交流信号对气室加热，这种交流信号产生的磁场噪声可通过锁相放大器滤除，参考文献[1]中采用 20kHz 交流电加热方式将 Rb 原子气室加热至 190℃。

（2）采用间断电加热的方式，这也是一种电加热方式，在对气室进行加热时磁力仪不工作，然后停止加热后磁力仪开始工作，如此重复这个过程。参考文献[2]中采用了一种高阻钛合金导线进行加热，其打开和关闭加热电流的时间占空比为 50%，频率是 0.02～0.2Hz，成功将原子气室加热至 200℃。

（3）采用热气流进行加热，通常将气室置于双层加热室中，在内层和外层中间通入热气流使处于内层的铷原子气室受热。参考文献[3]中采用的热气流加热方式可使原子气室达到 180℃。

（4）光加热方式，通常选用近红外激光器对气室加热，参考文献[4]中研究的微结构 Rb 原子磁力仪采用了波长 915nm，功率 1W 的大功率半导体激光器，将激光耦合至多模光纤中，直接对气室壁进行加热，加热温度很容易超过 150℃。

（5）双向电流加热，即采用双股导线正反双向传输电流，而使双向电流产生的磁场相互抵消，不产生剩磁。参考文献[5]提出的双层双向电流方法，可以很好地抑制剩磁。

对比这几种加热方式，表 10.1 给出了这几种加热方式的优缺点，由表中可以看出，各种加热方式均有其优缺点。交流电加热方式尽管可通过锁相滤波滤除其引入的磁噪声，但要求工作频率须远离加热电流频率，这在一定程度上限制了原子磁力仪的工作范围，并且这种磁噪声不可能完全滤除。直流电加热方式可消除磁噪声的影响，但加热过程不能进行试验测量，原子磁力仪不能测量连续变化的磁场，从而降低了磁力仪的响应速度。光加热方式通常仅适用于原子气室较小的情况，并且对光功率的稳定性具有较高要求，因为其直接影响气室的温度稳定性。热气流加热方式可完全不考虑电加热引入的磁噪声影响，尽管热气流加热方式预热时间较长，系统比较复杂，但更适用于高灵敏度原子磁力仪系统。综合以上因素，在实际应用中，可采用热气流加热方式对铯原子气室进行加热。

表 10.1　不同加热方式的对比

加热方式	优点	缺点
交流电加热	加热速度快，容易控制，温度稳定性高	会引入磁噪声
间断电加热	加热速度快，容易控制，不引入磁噪声	温度稳定性较差，容易产生温度梯度
热气流加热	不会引入磁噪声	加热速度慢，热气流波动会影响光路，系统较复杂
光加热	不会引入磁噪声，容易控制	造价较高，不适合大气室加热，引入散射光
双向电流加热	加热速度快，容易控制，温度稳定性高	会引入剩磁

10.2　热气流加热系统的设计与测试

热气流加热系统装置如图 10.1 所示。首先，采用空气泵将气流导入加热区，通过设置 PID 温度控制器的参数使加热电阻丝工作，热敏电阻时刻监测加热区出口处的热气流温度，作为温度反馈信号使 PID 控制器控制电阻丝的电流通断，形成了闭环控制系统。被加热的热气流送入加热室，整体加热部分处于石棉保温层中，保证气流被充分均匀加热，一段时间后将产生稳定的热气流。被加热的稳定热气流经保温管送入铯原子加热室。铯原子加热室采用双层结构，热气流不对铯原子气室直接加热，同时需要对加热室进行保温，并在最外层加水冷装置。采用光纤光栅温度传感器时刻监测铯原子气室的温度，气室内的温度稳定范围 25～

100℃，短时温度稳定性达到 0.1℃。

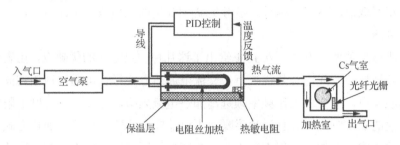

图 10.1　热气流加热系统装置图

　　由于铯原子气室需要工作在无磁环境中，因此选用无磁材料"聚四氟乙烯"制作加热室。这种材料具有较好的耐温和抗老化能力，同时具有一定的机械强度，更易于加工。设计制作的加热室如图 10.2 所示。由于原子磁力仪的泵浦光和检测光采用交叉结构，因此加热室 4 个表面中的 3 个表面设置了通光孔，另一个表面设置黑色吸收体用于吸收从原子气室出射的泵浦光，并且通光孔采用双层 K9 光学玻璃，目的是提高加热室的保温性能。将铯原子气室置于加热室中心位置，采用耐热胶进行密封。为达到良好的保温性能，在加热室外层加上保温材料"苯板"，最后加入水冷管，制成的加热室如图 10.3 所示。图 10.4 为加热控制系统，PID 控制器选用 XMT61X 系列智能控制仪，并配合 Pt100 热敏电阻进行工作。

图 10.2　加热室内部结构

图 10.3　铯原子加热室

图 10.4　加热控制系统

10.3　光纤光栅测温系统

为实时监测铯原子气室的工作温度，尝试铂电阻测温方法，但铂电阻本身会产生几十纳特的磁场，不能满足实际要求，因此选用光纤光栅温度传感器，这是一种无磁、准确有效的测温方法。光纤光栅温度传感器是利用光纤材料的光敏性，在光纤纤芯形成折射率的周期变化，其基本光学特性就是一个以共振波长为中心的窄带滤波器，当温度改变时导致中心波长发生变化，利用温度与波长的线性变化关系进行测温。这种测温技术发展比较成熟，主要由光纤光栅和光纤光栅解调仪组成，原理如图 10.5 所示。宽谱光源的出射光经耦合器进入光纤光栅，返回对应 Bragg 波长的窄带光信号，利用波长检测系统测量波长值。

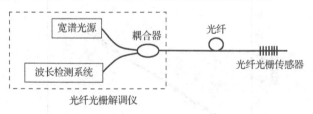

图 10.5　光纤光栅温度传感器系统

实际选用中心波长为 1550nm 的 Bragg 光纤光栅，并采用刚玉陶瓷管进行封装，在封装时去除了光纤包层。其中，Bragg 光纤光栅的长度是 14mm，反射率大于 85%，刚玉陶瓷管的长度为 50mm，外径为 1.5mm，内径为 0.5mm，耐温极限为 1600℃。封装好的光纤光栅结构如图 10.6 所示。在实际应用中，需对光纤光栅进行标定，建立"波长"与"温度"关系。采用美国 Micron Optics 公司生产的光纤光栅解调仪，波长分辨率达到 1pm，同时采用温度可控水槽进行标定，试验装置如图 10.7 所示。将光纤光栅置于水槽中，采用温度计读取水槽内温度，并同时记录光纤光栅解调仪输出的光波长值。

图 10.6　光纤光栅温度传感探头和传输光纤

图 10.7　光纤光栅标定试验系统

试验测试结果如图 10.8 中离散点所示。其中，标定温度范围是 36～46℃，由于光纤光栅 Bragg 波长与温度呈线性关系，因此采用线性函数进行拟合。拟合结果为 $T = 100.8304\lambda - 156254.5$，其中波长 λ 的单位为 nm，温度 T 单位为℃。此拟合函数关系可进一步扩展，在很宽的温度范围内均可认为此函数成立。

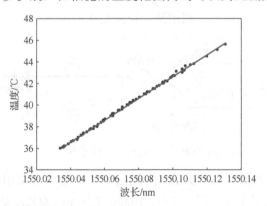

图 10.8　光纤光栅 Bragg 波长与温度关系

采用光纤光栅温度传感器对加热系统进行实际测试，随机设定 PID 控制器的温度为 80℃。由于在传输过程中的热量损失，气室中的实测温度为 45.7℃，测试结果如图 10.9 所示，测量时间 30min，采样频率 5Hz。在图中可明显看出，由于 PID 的闭环控制作用，导致气室内温度产生周期性抖动，其短时"分稳定度"可达到 0.1℃，"小时稳定度"可达到 0.5℃，这样的温度稳定性完全能够满足试验的应用要求。

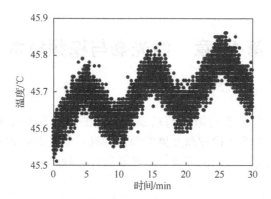

图 10.9   加热室温度随时间变化曲线

参 考 文 献

[1] Johnson C, Schwindt P D D. A two color pump probe atomic magnetometer for magnetoencephalography. Proceedings of 2010 IEEE International Frequency Control Symposium, 2010: 371-375.

[2] Shah V, Romalis M V. Spin-exchange relaxation-freemagnetometry using elliptically polarized light. Physical Review A, 2009, 80(1):013416.

[3] Kornack T W. A test of CPT and Lorentz symmetry using a K-³He co-magnetometer. Princeton: Doctoral Dissertation of Princeton University, 2005: 21-45.

[4] Preusser J, Knappe S, Kitching J, et al. A microfabricated photonic magnetometer. Proceedings of CLEO_Europe, 2009: 1180-1182.

[5] 吴红卫, 郑盼盼, 王远超, 等. 原子磁强计原子气室无磁加热温控系统设计. 宇航计测技术, 2019, 39(1): 40-46.

第 11 章　激光器与稳频技术

由于原子磁力仪需要与原子超精细能级共振的激光来实现原子的极化和检测，因此对泵浦激光器和检测激光器的要求较高。激光器的频率稳定度直接影响原子磁力仪的灵敏度，因此也需要对激光器进行稳频。

11.1　激光器的选择

原子磁力仪对光源的要求很高，泵浦激光器和检测激光器均需要采用单模激光器来改善模式噪声，泵浦激光器工作波长要求在 894.6nm 附近连续可调，检测激光器工作波长要求在 852.3nm 附近连续可调。同时，可调范围需大于铯原子基态超精细能级间隔 9.192GHz，激光器线宽需要小于 1MHz，泵浦激光器输出光功率大于 50mW，检测激光器输出光功率大于 10mW。根据以上要求，外腔半导体激光器成为一个很好的选择，这种激光器通过在半导体激光器外部加一个外腔反馈改变各个模式之间的损耗差别，并通过模式竞争输出单一模式。外腔半导体激光器一般采用 Littrow 结构或 Littman 结构，图 11.1 给出了这两种结构激光器的结构图。激光二极管和闪耀光栅构成外部谐振腔，激光器发出的光束照射闪耀光栅产生衍射，其中一级衍射光沿原路回馈至激光器中，零级光是反射光，作为输出光。通过控制闪耀光栅的角度和位置控制激光器模式并抑制跳模，可以有效压窄激光输出线宽[1,2]。通过调节光栅的位置和角度，实现粗调外腔的目的；利用压电陶瓷实现对激光器输出波长的微调与扫描，并用于实现激光器的稳频。激光器所采用的外腔机械结构，容易受到震动的影响，并且外腔是空间光路容易受到周围空气温度湿度的影响，不利于在环境比较恶劣的条件下工作。在实验室条件下，采用饱和吸收谱稳频后，其频率稳定度可达 6MHz。

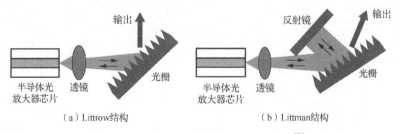

（a）Littrow结构　　　　　　　　　　（b）Littman结构

图 11.1　外腔半导体激光器结构示意图[2]

为了进一步提高激光器的稳定性，还可以采用分布反馈半导体激光器，采用内腔结构，因此受环境温度影响较小，同时激光器的输出波长仅受温度和工作电流的影响，工作波长在很宽的范围内不产生跳模，但分布反馈半导体激光器的输出线宽一般大于外腔半导体激光器，可到 5MHz，输出功率也可达几十毫瓦，是一种理想的激光光源。为将半导体激光器的频率稳定在铯原子共振线处，需要对激光器的驱动电流和温度进行严格控制。有很多方法可以实现这一目的，主要有饱和吸收谱、消多普勒极化谱及线性磁光效应这三种稳频方法[3,4]。

11.2　饱和吸收谱稳频技术

饱和吸收谱由于结构简单、信噪比高、长期频率稳定性好等优点，是半导体激光器中最常用的一种稳频方法[5,6]。由于饱和吸收谱具有吸收峰的特征，因此在锁频过程中，需要对激光器的电流注入一个抖动信号来实现峰值判断，并且只能稳定在共振频率处。

11.2.1　饱和吸收谱稳频的原理

饱和吸收谱稳频装置的基本光路结构如图 11.2 所示，激光经过分束成为两束频率相同的光，一束较强的作为泵浦光，也称为饱和光束；另一束弱光作为检测光束。泵浦光束与检测光束在原子气室中反向交叉传播，通过光电探测器探测透过原子气室的检测光。

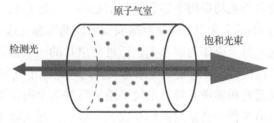

原子气室

检测光　　　　　　　　　　　　　　饱和光束

图 11.2　饱和吸收谱光路

在没有泵浦光的情况下，由于原子和激光之间的多普勒效应，沿各个方向运动的原子感受到的激光频率不同，因此对共振频率附近一定范围内的激光都会吸收，透过原子气室的检测光呈现具有多普勒宽度的吸收线型，如图 11.3(a)所示。当有较强的泵浦光时，沿检测光垂直方向运动的原子多普勒频移为零，只有这部分原子感受到的泵浦光频率和检测光频率相同，能同时吸收泵浦光和检测光。但由于较强的泵浦光将基态原子激励到高能态，处于基态的原子数目很少，因此检测光几乎不被吸收就穿过了原子气室。而沿其他方向运动的原子感受到的泵浦光和检测光的频率不相同，泵浦光和检测光分别被运动方向相反的原子吸收，不会出现饱和效应。因此，透过原子气室的检测光会呈现多普勒背景下的一个尖峰，如图 11.3（b）所示。当在原子气室中引入另一束与检测光强度相同，但不与泵浦光交叉的光作为参考光时，其吸收线型就与不存在泵浦光情况时一样。通过将检测光和参考光的信号做差处理，即可得到消去多普勒背景的饱和吸收峰。

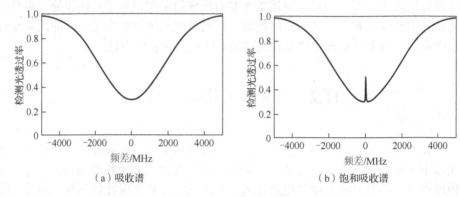

（a）吸收谱　　　　　　　　　　　（b）饱和吸收谱

图 11.3　两种吸收谱线

11.2.2　饱和吸收谱稳频的方法

在铯原子磁力仪中，泵浦激光器和检测激光器都需要进行稳频。系统中实际搭建的铯原子饱和吸收谱稳频系统如图 11.4 所示。为了避免反射光对激光器的损伤，激光先经过光隔离器，然后经过半波片和 PBS 组成的分光光路分成两束。通过旋转半波片改变线偏振光的方向，使激光功率主要集中在应用于磁力仪光路的光束中，而分出较弱的光功率用于饱和吸收谱稳频。在饱和吸收谱光路中，光束通过端面反射率约 4% 的分束片，被前后端面反射成两束弱光进入铯原子气室，其中一束作为检测光，另一束作为参考光。透过分束片的一束强光作为泵浦光。经过反射镜和半反半透镜后，泵浦光沿检测光反向进入铯原子气室，与检测光重合，产生饱和效应。检测光和参考光经过半反半透镜后进入平衡探测器，经过光电转换相减处理，得到消多普勒背景的饱和吸收谱。最后，通过激光器反馈控制电路将激光频率稳定在饱和吸收谱的共振峰上。

系统中采用锯齿波对激光器的压电传感器（piezoelectric transducer，PZT）进行扫描，从而使激光频率在铯原子共振线附近连续调谐。泵浦光采用的是 894nm 外腔半导体激光器，工作在铯原子 D1 线。铯原子 D1 线具有 2 个基态能级和 2 个激发态能级结构，因此包含 4 条共振跃迁。对于外腔半导体激光器，当 PZT 上的电压增加时，光栅与二极管端面构成的外腔腔长变短，输出激光的波长变短，激光频率变高。因此，当采用锯齿波电压在铯原子 D1 线附近从低到高扫描时，会出现 4 条共振跃迁的饱和吸收谱，从低频到高频依次是：$F_g=4\rightarrow F_e=3$，$F_g=4\rightarrow F_e=4$，

$F_g=3\rightarrow F_e=3$，$F_g=3\rightarrow F_e=4$，如图 11.5 所示。由于各个跃迁线的跃迁概率不同，饱和吸收谱的峰值大小也会有所不同。通过调整 PZT 电压和扫描范围，可以将泵浦光稳定在其中任意一个共振峰上。

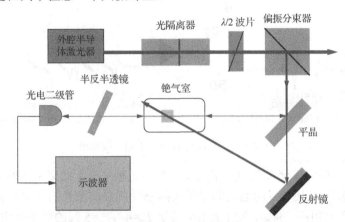

图 11.4　铯原子饱和吸收谱稳频光路

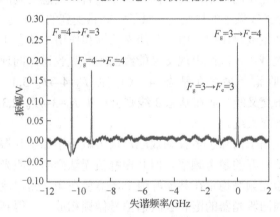

图 11.5　铯原子 D1 线饱和吸收谱

检测光采用的是 852nm 外腔半导体激光器，工作在铯原子 D2 线上。铯原子 D2 线的能级结构比 D1 线复杂，具有 2 个基态能级和 4 个激发态能级结构，根据跃迁选择定则，共包含 6 条共振跃迁，从低频到高频依次是：$F_g=4\rightarrow F_e=3$，$F_g=4\rightarrow F_e=4$，$F_g=4\rightarrow F_e=5$，$F_g=3\rightarrow F_e=2$，$F_g=3\rightarrow F_e=3$，$F_g=3\rightarrow F_e=4$。当采用锯齿波电压在铯原子 D2 线附近从低到高扫描时，除对应的 6 条共振跃迁的饱和吸收谱之外，还会出现 6 条交叉线的饱和吸收谱。图 11.6（a）为铯原子 D2 线基态 4 线的 6 条饱和吸收谱线，图 11.6（b）为基态 3 线的 6 条饱和吸收谱线。

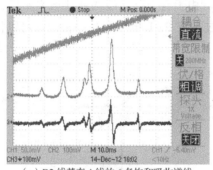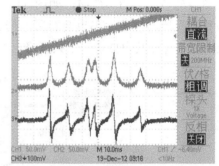

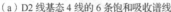

（a）D2 线基态 4 线的 6 条饱和吸收谱线　　　　　（b）D2 线基态 3 线的 6 条饱和吸收谱线

图 11.6　试验测得的铯原子饱和吸收谱

以 $F_g=4{\rightarrow}F_e=4,5$ 交叉线的产生为例，当激光频率等于此交叉线的频率时，由于多普勒频移，沿某一方向运动的原子实际感受到泵浦激光的频率不再是交叉线频率，而会产生频移。例如，发生蓝移，等于 $F_g=4{\rightarrow}F_e=5$ 线的频率产生泵浦作用。由于检测光与泵浦光反向传播，对于同一原子而言，其感受到的检测光频率会产生红移。即对于交叉线频率的检测光，原子实际感受到的频率等于 $F_g=4{\rightarrow}F_e=4$ 线的频率，因此会产生吸收作用，由于泵浦光的饱和作用，基态 4 线上的粒子数很少，对检测光吸收减弱，因此出现交叉能级的饱和吸收谱。同理，其他交叉能级也会出现饱和吸收谱，最终在基态 4 线产生 $F_g=4{\rightarrow}F_e=3,4$，$F_g=4{\rightarrow}F_e=3,5$，$F_g=4{\rightarrow}F_e=4,5$ 三条交叉线。而在基态 3 线则会产生 $F_g=3{\rightarrow}F_e=2,3$，$F_g=3{\rightarrow}F_e=2,4$，$F_g=3{\rightarrow}F_e=3,4$ 三条交叉线。

饱和吸收谱线由于消除了多普勒效应，极大减小了原子共振谱线宽度，为激光稳频提供了一个良好的参考频率。但共振峰值无法判断出激光器频率偏移的方向，通常为了将激光频率稳定在共振峰值上，需要在激光器电流中注入正弦调制信号，通过与反馈回激光器的饱和吸收谱信号做锁相放大，得到类色散线型的鉴频曲线。鉴频曲线能方便地判断出激光器的偏移方向，通过 PID 反馈调节激光器电流，使激光频率始终处于鉴频曲线零点处，从而实现激光频率的锁定。

11.3　消多普勒极化谱技术

11.3.1　消多普勒极化谱原理

为了得到消多普勒极化谱，需要采用一束圆偏振光来极化处于磁场中原子，并采用与泵浦光传播方向相反的线偏振检测光进行检测[7,8]。检测光强和泵浦光强均需小于饱和光强，并且检测光强应远小于泵浦光强，这样就可以忽略基态-基态和激发态-激发态的相干性。在这里重新给出铯原子 D2 线能级结构（图 11.7）。

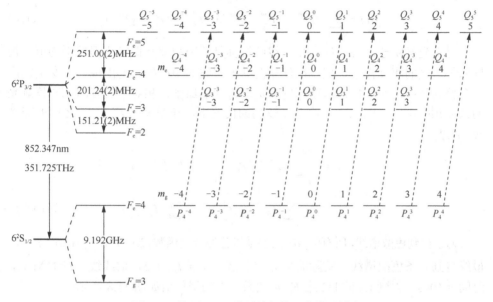

图 11.7　铯原子 D2 线超精细能级的塞曼效应

　　存在外磁场的情况下，简并的超精细能级打开，分裂成 $2F+1$ 个塞曼子能级。相邻的两个塞曼子能级之间的能级间隔为 $g\mu_B B$，其中 g 为 Lande 因子，μ_B 为玻尔磁子，B 为外界磁场。由于外加的磁场通常很小，约为 0.2mT，因此近似认为每个超精细能级所分裂的塞曼子能级位于同一水平上。由于基态的两个超精细能级间隔和激发态的四个超精细能级间隔均远大于激光器线宽，和饱和吸收谱类似，可分别考虑 $F_g=4\rightarrow F_e=3,4,5$ 和 $F_g=3\rightarrow F_e=2,3,4$ 的跃迁。

　　在不存在泵浦光时，粒子等概率地处于基态各塞曼子能级上。当采用圆偏振光泵浦时，根据能级跃迁的选择定则，将导致基态粒子数分布不均匀。左旋圆偏振光泵浦的最终结果是大部分粒子处于 P_4^4 能级上，介质变为高各向异性介质，而对于 $6^2S_{1/2}$ $F_g=4\rightarrow 6^2P_{3/2}$ $F_e=3,4$ 非闭合跃迁，有较少的粒子被泵浦至 P_4^4 能级上，介质为低各向异性介质。

　　由于左旋圆偏振泵浦光的作用使各能级粒子数产生不均匀分布，介质变成各向异性介质。通过各向异性介质的线偏振光可分解成左旋和右旋圆偏振光，左旋和右旋的色散系数和吸收系数均不同。因此，线偏振光经过介质后变成椭圆偏振光，椭圆偏振光的主轴相对入射的线偏振光产生旋转，通常吸收系数很小，输出信号只对偏振面的旋转灵敏，具有典型的色散线型。

　　根据速率方程计算得到的基态和激发态的粒子数，可以推算出和时间有关介质的各向异性，用 $A(t)$ 表示所有的基态和激发态的塞曼子能级对线偏振光的影响，

在共振时:

$$A(t) = \sum_{m=-F}^{m=F} \varepsilon_{F_g,m}^{F_e,m+1} \cdot (P_{F_g}^m - Q_{F_e}^{m+1}) - \varepsilon_{F_g,m}^{F_e,m-1}(P_{F_g}^m - Q_{F_e}^{m-1}) \tag{11.1}$$

对于交叉跃迁,可以认为交叉线的线强是两个相邻共振线线强的平均值。根据原子与光的相互作用过程,在任意两共振主线的中心处,会出现三个交叉线由于多普勒效应,对于特定运动速度和运动方向的原子,相对于对泵浦光和检测光的共振频率不同。因此,当检测光较弱的情况下,在激发态 F_e' 和 F_e'' 之间的交叉线 $A(t)$ 为

$$\begin{aligned} A_{F_e'F_e''}(t) = & \sum_{m=-F_g}^{m=F_g} (\varepsilon_{F_g,m}^{F_e',m+1} P_{F_g \to F_e'}^m - \varepsilon_{F_g,m}^{F_e',m-1} P_{F_g \to F_e'}^m) \\ & + \sum_{m=-F}^{m=F} (\varepsilon_{F_g,m}^{F_e',m+1} P_{F_g \to F_e''}^m - \varepsilon_{F_g,m}^{F_e',m-1} P_{F_g \to F_e''}^m) \end{aligned} \tag{11.2}$$

为了得到色散谱线,所有的 $A(t)$ 需要乘以色散线型函数 $(2\delta / \varGamma) / [1 + (2\delta / \varGamma)^2]$,最终得到 6 条色散谱线。实际的推算中取饱和光强 I_{sat}=0.5,谱线线宽 $\varGamma$=15MHz,时间 t=10μs,得到 Cs 的 D2 线 F_g=4 到激发态的极化谱如图 11.8 所示。

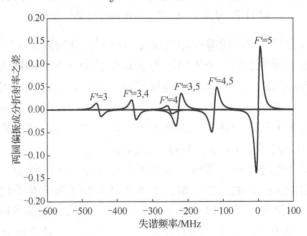

图 11.8　$6^2S_{1/2}$ F_g=4→$6^2P_{3/2}$ F_e=3,4,5 消多普勒极化谱

11.3.2　消多普勒极化谱试验装置

消多普勒极化谱一般采用如图 11.9 所示的试验装置。DFB852.3nm 半导体激光器作为光源,波长调制至铯原子 D2 线附近。可调衰减片用来调节入射激光器的光强,然后由半透半反镜分成两束,一束作为泵浦光,一束作为检测光。泵浦光的光强可通过调节偏振片 a 和偏振片 b 的偏振化方向来实现,通过 λ/4 波带片后变成圆偏振光照射铯原子气室,泵浦光和检测光的传播方向相反。同理,偏振片 c 和偏振片 d 用来控制检测光的光强和偏振态。当检测光通过被泵浦光极化的铯

原子气室后，其偏振面将产生旋转，PBS 和两个光电探测器的差信号进行检测，要求 PBS 主轴和偏振片 d 主轴之间的夹角成 45°。当不存在泵浦光时，两探测器输出后的差信号为零。当检测光强为 0.2mW/cm²，磁场强度为 0.2mT 时，通过扫描激光器的驱动电流改变激光器的输出频率，得到如图 11.10 所示的消多普勒极化谱。细实线和虚线分别代表泵浦光强 $I_{pu}≈2.2mW/cm^2$ 和 $I_{pu}≈1.2mW/cm^2$ 的消多普勒极化谱。为了与理论值进行比较，图中也给出了理论计算得到的消多普勒极化谱（粗实线），可见理论和试验结果吻合比较好。这种消多普勒极化谱技术直接产生了可作为反馈信号的色散线型，可将激光器的频率锁定在超精细共振线处。因为避免了对激光器电流的调制，可以有效提高激光器的稳定度。

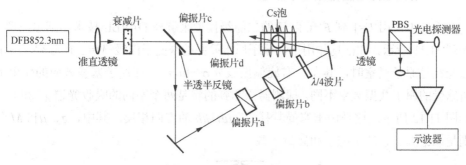

图 11.9　极化谱试验装置图

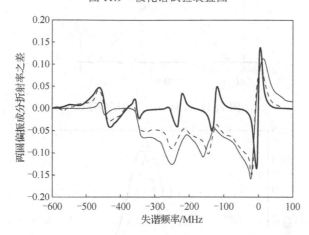

图 11.10　消多普勒极化谱试验与理论结果

11.4　线性磁光效应稳频技术

为了避免调制信号带来的影响，基于线性磁光效应的稳频技术得到了发展，包括原子气室二向色性稳频（dichroic atomic vapour laser lock，DAVLL）和原子气室双折射效应稳频[9-11]。

由于原子气室中的圆双折射效应，线偏振光通过气室偏振面会产生旋转，原子气室双折射效应稳频也称为光学旋转稳频（optical rotation laser lock，ORLL）。这两种稳频方法均不需要在激光器中引入调制信号，并且通过改变光路中器件角度，即可将激光频率扩展到共振线的两翼任何位置，而不像饱和吸收谱稳频技术只能稳定在共振峰上。

11.4.1　线性磁光效应稳频基本原理

系统中采用 $F=1$ 到 $F'=0$ 跃迁的二能级模型来解释 DAVLL 技术的基本原理，如图 11.11 所示。在磁场作用下，原子原本简并的塞曼子能级 $|M=\pm 1>$ 分裂，线偏振光经过原子气室时，其左、右旋偏振成分 σ^+ 和 σ^-，在原子塞曼效应的作用下所感受的原子共振频率不同，探测器探测到的将是两个不同的吸收光谱 χ^+ 和 χ^-，如图 11.12 所示。这是由于塞曼频移量 $g\mu BM/\hbar$ 的方向相反，其中，g、μ 和 M 分别是朗德因子、玻尔磁子和磁量子数。

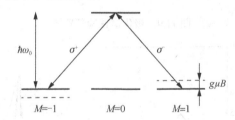

图 11.11　$F=1 \rightarrow F'=0$ 原子跃迁图

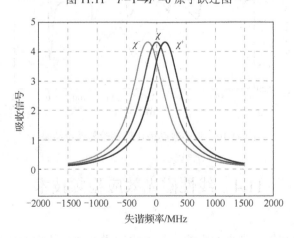

图 11.12　σ^+ 和 σ^- 的吸收线型

将代表这两束分量的电信号相减之后就得到了类色散型谱线，如图 11.13 所示，该线型与饱和吸收谱中的鉴频曲线类似。因此，在不需要外加调制信号的情况下，就可以直接利用该谱线作为激光稳频的反馈信号。

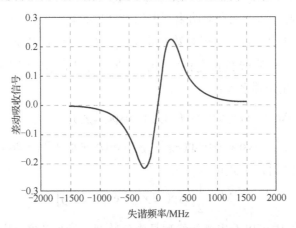

图 11.13　两束分量的电信号相减之后得到的类色散谱线

11.4.2　不同角度下 DAVLL 的理论曲线

磁场对线偏振光的左旋和右旋偏振分量在吸收和折射方面的影响是不同的，通过对同一套试验装置做简单改变，可以同时实现 DAVLL 和光学旋转两种稳频方法。原子气室的圆二向色性可以用圆偏振分析仪（$\lambda/4$ 波片和 PBS）来测量，PBS 与 $\lambda/4$ 波片夹角 $\varphi=45°$，通常情况下 DAVLL 技术就是利用这样的装置来获得类色散型反馈信号。去掉 DAVLL 装置中的 $\lambda/4$ 波片，或者使 $\lambda/4$ 波片的角度 $\varphi=0°$ 后，可以直接来测量由圆双折射造成的光学旋转。该装置中，PBS 与偏振棱镜的夹角 $\alpha=45°$，PBS 的两束出射光被探测器接受并相减后，就得到了不同于类色散曲线的另一种光谱线型，它可以直接用来作为激光稳频的反馈信号。

试验中所采用的光学系统由偏振棱镜、铯原子气室、$\lambda/4$ 波片和 PBS 组成。系统中利用琼斯矩阵来分析该稳频系统中差动信号的理论值和谱线特征。该光学装置的琼斯矩阵分别用 $\boldsymbol{G}_{\mathrm{p}}$(偏振棱镜)，$\boldsymbol{G}_{\mathrm{c}}$(原子气室)，$\boldsymbol{G}_{\lambda/4}$($\lambda/4$ 波片)来表示：

$$\boldsymbol{G}_{\mathrm{p}}=\begin{bmatrix} \cos^2\alpha & \cos\alpha\sin\alpha \\ \cos\alpha\sin\alpha & \sin^2\alpha \end{bmatrix} \tag{11.3}$$

$$\boldsymbol{G}_{\mathrm{c}}=\begin{bmatrix} \exp(\mathrm{i}\varPhi_+) & 0 \\ 0 & \exp(\mathrm{i}\varPhi_-) \end{bmatrix} \tag{11.4}$$

$$G_{\lambda/4} = \begin{bmatrix} \cos^2\varphi + i\sin^2\varphi & \cos\varphi\sin\varphi(1-i) \\ \cos\varphi\sin\varphi(1-i) & i\cos^2\varphi + \sin^2\varphi \end{bmatrix} \tag{11.5}$$

式中，α 和 φ 分别是偏振棱镜、$\lambda/4$ 波片与 PBS 的夹角，$\Phi_\pm = n_\pm \omega L / c$ 是与频率有关的复相位，代表着原子气室对两束圆偏振光分量的影响。$n_\pm = \eta_\pm + i\chi_\pm$ 代表 $\sigma^\pm$ 分量的复折射率，其中包含了折射系数 η_+ 和 η_-，吸收系数 χ_+ 和 χ_-。ω、L 和 c 分别是激光频率、原子气室吸收长度和真空中光速。利用上述琼斯矩阵，可以计算出 PBS 出射的两束光光强之差：

$$\Delta I \propto \frac{1}{2}\sin(2\varphi)\left[\exp(-2\chi_+) - \exp(-2\chi_-)\right]$$
$$+ \cos(2\varphi)\exp(-\chi_+ - \chi_-)\cos(\eta_+ - \eta_- + 2\varphi - 2\alpha) \tag{11.6}$$

当 $\varphi = \varphi_0 = \pm 45°$ 时，上式可以写为

$$\Delta I \propto \frac{1}{2}\left[\exp(-2\chi_+) - \exp(-2\chi_-)\right] \tag{11.7}$$

从式（11.7）中可以看出谱线线型是类色散型，且与角度 α 无关。固定 α，$\lambda/4$ 波片围绕 φ_0 的微小转动会引起差动信号的整体偏移，从而导致零点频率移动，如图 11.14 所示，可以看出通过调节波片角度，DAVLL 技术可以扩大激光稳频范围。

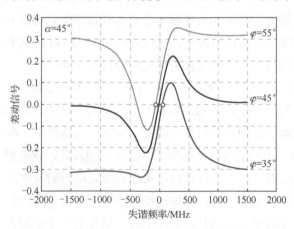

图 11.14　DAVLL 理论光谱

当该光学系统中角度 $\varphi = 0°$、$\alpha = \alpha_0 = \pm 45°$ 时，就可以得到如图 11.15 所示的另一种谱线，与 DAVLL 类似，偏振棱镜围绕 α_0 的微小转动也会引起该信号的整体偏移，同样会导致零点对应的频率移动，这就是用于激光稳频的光学旋转方法，或称为圆双折射稳频方法。这两种稳频方法都可以将激光稳频的范围扩展至共振线的两翼上，从而可以实现一定失谐范围内激光器的连续稳频。

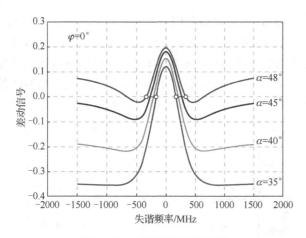

图 11.15　光学旋转理论光谱

11.4.3　试验方法

铯原子磁力仪的试验系统框图如图 11.16 所示。激光经过准直和衰减之后被分为两束，一部分光入射到饱和吸收谱光路中，利用饱和吸收光谱来作为频率基准；另一束光经过 $\lambda/4$ 波片和起偏器后入射到铯原子气室中。$\lambda/4$ 波片用来保证进入铯原子气室内的光强恒定。球型铯原子气室是由耐热玻璃制造而成的，内径 28mm，壁厚 1mm。

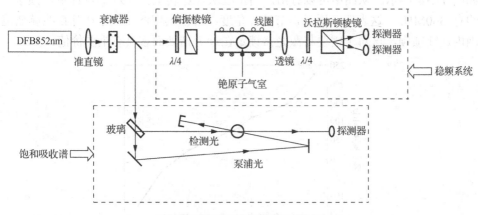

图 11.16　试验系统框图

气室周围是用来产生均匀纵向磁场的亥姆霍兹线圈，在该试验中，磁场强度大约为 0.02T。磁场中的铯原子因塞曼效应对入射的线偏振光 σ^+ 和 σ^- 偏振分量产生了不同的吸收效果，然后经过透镜、$\lambda/4$ 波片和 PBS 分束，最后将探测器探测到的两束光输入差动放大电路。激光频率在 Cs 的 D2 线附近扫描，对 PBS 出射的两束光相减之后可以得到 DAVLL 的类色散光谱。如前所述，去掉 PBS 前的 $\lambda/4$

波片或者使其角度$\varphi=0°$，可以得到圆双折射效应产生的光学旋转谱。

　　将激光器频率在 Cs 的 D2 线基态 $F=4$ 附近扫描。对于 DAVLL 装置，固定角度$\alpha=45°$，在φ_0附近的一定范围内旋转$\lambda/4$波片，可以观察到类色散谱线的零点随波片角度的改变而产生移动，如图 11.17 所示。图中最下端的两条谱线分别为吸收谱线和饱和吸收谱线，用来作为频率偏移量的参考基准。

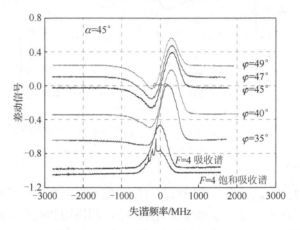

图 11.17　DAVLL 试验谱线

　　为了更清晰地看出角度引起的频移，系统中研究了不同旋转角度下的频移量，如图 11.18 所示。从图中可以看出，当角度从 35° 转动到 49° 的过程中，频移量约有 360MHz。这表明，通过调节波片角度，可以实现激光频率在几百兆赫兹范围内连续锁频，这对于需要将激光器锁定在近失谐处而言具有重要价值。

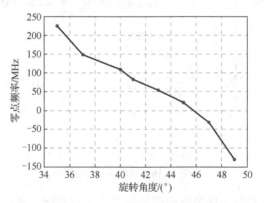

图 11.18　角度对频移量的影响

　　对于圆双折射效应引起的光学旋转谱，固定角度$\varphi=0°$，偏振棱镜围绕$\alpha_0=45°$的微小转动也可以引起差动信号的整体偏移以及零点的频移，如图 11.19 所示。系统中可以看出这两种谱线都有约 500MHz 的线宽。由于旋转装置的精度限制和

PBS 出射的两束光光强难以调整成一致，这些角度不是很精确，虽然这导致了零点的微小偏移，但依然可以证明这两种方法都可以将激光频率锁定到共振线附近一定范围内，并且都具有过零点的特征，不需要外加调制信号就可以锁频，避免了人为引入的激光噪声。

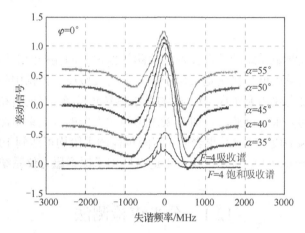

图 11.19　光学旋转的试验谱线

参 考 文 献

[1] 陈文兰, 袁杰, 齐向晖, 等. 外腔半导体激光器设计与高次谐波稳频. 中国激光, 2007, 34(7): 895-900.

[2] 郎兴凯, 贾鹏, 陈泳屹, 等. 窄线宽半导体激光器研究进展. 中国科学: 信息科学, 2019, 49(6): 649-662.

[3] 陈翼翔, 薛大键, 程波涛, 等. 半导体激光器稳频技术的发展动态. 激光与红外, 2005, 35(1): 18-21.

[4] 陈永水, 王芳, 刘颂豪, 等. 半导体激光器稳频技术综述. 量子电子学报, 2010, 27(5): 513-520.

[5] MacAdam K B, Steinbach A, Wieman C E. Narrow-band tunable diode laser system with grating feedback, and a saturated absorption spectrometer for Cs and Rb. American Journal of Physics, 1992, 60(12): 1098-1111.

[6] Yang D H, Wang Y Q. Study on the saturation absorption of cesium. Optics Communication, 1989, 74(1-2): 54-58.

[7] Wieman C, Hänsch T W. Doppler-free laser polarization spectroscopy. Physical Review Letters, 1976, 36(20): 1170-1173.

[8] Pearman C P, Adams C S, Cox S G, et al. Polarization spectroscopy of a closed atomic transition: applications to laser frequency locking. Journal of Physics B, 2002, 35(24): 5141-5151.

[9] Yashchuk V V, Budker D, Davis J R. Laser frequency stabilization using linear magneto-optics. Review of Scientific Instruments, 2000, 71(2): 341-348.

[10] Corwin K L, Lu Z T, Hand C F, et al. Frequency-stabilized diode laser with the Zeeman shift in an atomic vapor. Applied Optics, 1998, 37(15): 3295-3298.

[11] Martins W S, Grilo M, Brasileiro M, et al. Diode laser frequency locking using Zeeman effect and feedback in temperature. Applied Optics, 2010, 49(5): 871-874.

第 12 章 两种微小偏转角检测方法

原子磁力仪测量系统的关键技术是检测线偏振光的偏振面旋转角，偏振面旋转角检测系统的灵敏度直接决定了原子磁力仪的灵敏度。根据国外的研究结果，高灵敏度原子磁力仪需要实现 10^{-7}rad 的微小偏转角检测，然而传统的检测手段无法达到如此高的要求。因此，可研究采用锁相放大器的分光束检测法和法拉第调制技术两种检测手段。试验结果表明，这两种检测手段均可达到 10^{-7}rad 的检测水平，分光束检测法由于响应速度快，更适合应用于原子磁力仪系统。

12.1 分光束检测法

12.1.1 分光束检测法的基本原理

分光束检测法是测量微小偏转角的常用手段[1,2]，试验装置如图 12.1 所示。激光器经起偏器变成线偏振光后通过处于磁场中的 ZF7 玻璃，由于法拉第效应出射后的线偏振光会产生微小的旋转角，采用 PBS 分离两个垂直偏振态，并利用差除和光电转换电路计算两者的对比度，得到旋转角，其中起偏器和 PBS 的偏振化方向应该成 45° 夹角。

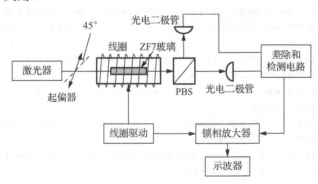

图 12.1 分光束检测技术

从 PBS 两端出射的光强为

$$\begin{cases} I_1 = I_0 \cos^2\left(\dfrac{\pi}{4} - \theta\right) = \dfrac{I_0}{2}[1 + \sin(2\theta)] \\[4mm] I_2 = I_0 \cos^2\left(\dfrac{\pi}{4} + \theta\right) = \dfrac{I_0}{2}[1 - \sin(2\theta)] \end{cases}$$　　　　　（12.1）

式中，$I_0 = I_1 + I_2$ 是入射光强；θ 是入射的线偏振光经旋光介质后的旋转角，且 $\theta \ll 1$。将出射的两束光进行差除和运算得

$$V = \frac{I_1 - I_2}{I_1 + I_2} = \sin(2\theta) \approx 2\theta$$　　　　　（12.2）

从公式可见，这种方法可以消除入射光强抖动带来的噪声。当偏转角是交变信号时，采用锁相放大器可提取出待测信号。

12.1.2　光电转换电路的设计

为实现微小偏转角的检测，需将光信号转换成电压信号。为此，采用硅光电二极管，其参数如下：响应波长范围为 320～1000nm，在 852nm 处的响应灵敏度为 0.28μA/μW；最大暗电流为 10pA；响应时间为 1μs；结电容为 380pF；并联电阻为 1010Ω；噪声等效功率为 3.6×10^{-15}W/Hz$^{1/2}$，完全可以满足要求。由于该光电二极管的并联电阻高，因此前级运放采用高输入阻抗的结型场效应晶体管运算放大器。光电转换电路可工作在光电导或光电压模式下[3]，其优缺点如表 12.1 所示。

表 12.1　光电探测器工作模式对比[3]

特性	光电导模式	光电压模式
偏置	需外加反向偏置电压	光电二极管处于零偏置
暗电流	存在暗电流	不存在暗电流
光功率-电压关系	非线性	线性
噪声	较高的噪声（热噪声+散粒噪声）	较低噪声（热噪声）
响应速度	高速	低速
应用领域	光纤通信	精确光电转换领域

因此，采用光电压模式，光电转换电路如图 12.2 所示[4,5]。光电二极管工作在光伏模式下，可有效提高系统的信噪比。反馈电阻 R_f 与其并联的电容 C_f 组成一阶低通滤波电路，直接决定了电路的-3dB 带宽：

$$f_{-3\mathrm{dB}} = \frac{1}{2\pi R_f C_f}$$　　　　　（12.3）

根据铷原子磁力仪的工作范围，需选择适当的反馈电阻和电容以满足带宽的要求。由于探测器的主要噪声来自于散粒噪声和电阻的热噪声，因此反馈电阻阻值不易过大，需采用低温漂、高精密电阻来降低噪声。同时，在运放的供电电压

处需加退耦电容，降低电源引入的噪声。实际应用中 PBS 采用了沃拉斯顿棱镜，因此将两光电二极管置于同一平面内，制作的光电探测器如图 12.3 所示。

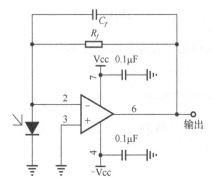
图 12.2　光电转换电路

图 12.3　光电探测器

12.1.3　分光束检测法的系统性能测试

为了测试这种测量方法的灵敏度，需对处于磁场中 ZF7 玻璃产生的偏转角进行标定，试验测量了当激光器波长是 852.3nm 时 ZF7 玻璃的韦尔代常数 V。测量方法：①在 ZF7 玻璃前后分别加入 PBS，使其处于消光位置，出射的光强为零，然后在线圈中通入较大电流使线偏振光偏振面产生旋转，改变了输出光强。②通过旋转 PBS 的角度使输出光强归零，读取旋转角度值，重复测量可得到电流与旋转角关系曲线如图 12.4 所示，曲线斜率为 0.8°/A，同时测量电流和线圈中心磁场关系曲线如图 12.5 所示，斜率为 14.1mT/A，由此可知 $\theta/B \approx 0.99$rad/T，根据公式 $\theta=VBL$，其中 $L=0.1$m 表示 ZF7 玻璃长度，可知 ZF7 玻璃在波长 852.3nm 处的韦尔代常数 $V \approx 9.9$rad/（T·m）。

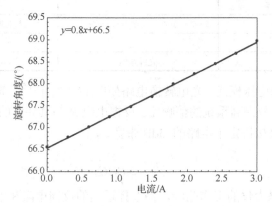
图 12.4　大线圈电流和偏转角关系

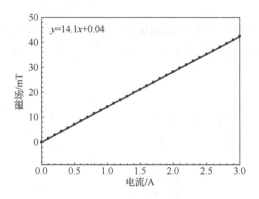

图 12.5 大线圈内磁场和电流关系

为了产生微小旋转角，将 ZF7 玻璃放入长直螺线管中，采用精度为 0.1nT 的磁通门磁力仪测量中心磁场与线圈驱动电流的关系，如图 12.6 所示。根据 $\theta=VBL$，其中 $V=9.9$rad/（T·m），$\delta B=2.2\times10^{-6}$T/mA，$L=0.1$m，所以 $\delta\theta\gg2.2\times10^{-6}$rad/mA。

图 12.7 给出了锁相放大器的输出电压与线圈驱动电流的关系曲线，可见线圈驱动电流和输出电压呈线性关系，拟合函数为 $y=0.03x-0.07$，即每变化 1mA 电流，输出电压改变 30mV，在实际测试中锁相放大器输出的直流信号噪声幅度约为 10mV。因此，得出分光束检测技术可实现 8×10^{-7}rad 的小角度检测。

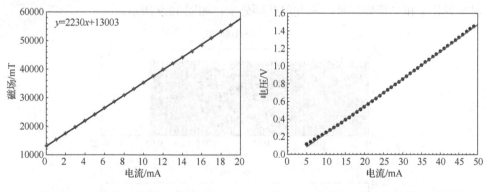

图 12.6 小线圈内磁场和电流关系　　　　图 12.7 锁相放大器输出电压与线圈驱动
　　　　　　　　　　　　　　　　　　　　　　　　　电流关系

12.2　法拉第调制技术

12.2.1　法拉第调制技术的基本原理

法拉第调制技术也是实现微小偏转角检测的重要手段，其原理如图 12.8 所示[6-10]。

激光器输出的光经起偏器后变成线偏振光，然后经过旋光介质，假设经过介质后的偏振面旋转角为θ，然后经过法拉第调制器，该调制器以频率ω调制入射光的偏振方向。

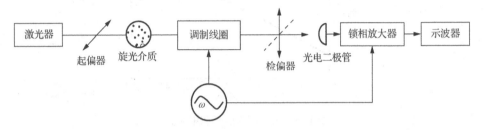

图 12.8　法拉第调制原理图

设调制幅度为β_0，即$\beta(t)=\beta_0\sin(\omega t)$，最后通过与起偏器成 90°的检偏器，根据马吕斯定律可得输出的光强为

$$I = I_0 \sin^2[\beta_0 \sin(\omega t) + \theta] \approx I_0[\beta_0^2 \frac{1 - \cos(2\omega t)}{2} + 2\beta_0\theta\sin(\omega t) + \theta^2] \quad （12.4）$$

一次谐波信号的振幅与偏振面旋转角成正比。为分析输出信号的特征，对式（12.4）进行傅里叶变换。设置法拉第调制频率ω=5kHz，在信号的频谱中只出现零频分量和二倍频分量，未发现基频分量，如图 12.9 所示。

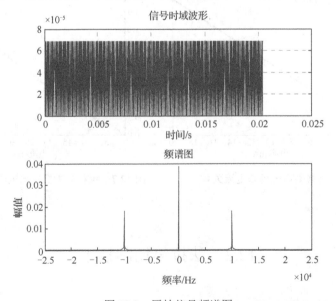

图 12.9　原始信号频谱图

为此将式（12.4）中的基频分量放大 10000 倍重新作傅里叶变换，才出现了

基频分量，如图 12.10 所示。可见基频分量远小于零频及二倍频信号，通常采用锁相放大器提取基频分量。锁相放大器相当于一个相敏检波器，通过在参考端输入与待测信号同频的参考信号，检测出与参考信号同频同相的信号和噪声，经过低通滤波器后滤除和频成分，可以提取出深埋在噪声中的微弱信号。

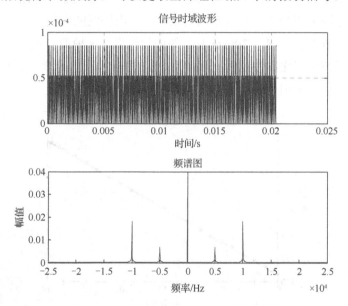

图 12.10 基频信号放大 10000 倍频谱图

锁相放大器的输出信号正比于基频分量的振幅：

$$I_\omega \approx 2I_0 \beta_0 \theta \tag{12.5}$$

这种锁相放大测量技术的优点是可以在高噪声背景下将对应频率信号检出、放大，可以有效提高系统测量精度和抗干扰能力。若采用功率为 $10\mu W$ 的光源，法拉第调制器旋转角 $\beta_0 = 0.087 rad$，光电探测器可以响应 $1pW$ 的光功率，不考虑噪声的影响，理论上可测量的旋光角 $\theta = 5.8 \times 10^{-7} rad$。

12.2.2 法拉第调制技术性能测试

在图 12.8 所示的法拉第调制原理图中，需要对线偏振光的偏振面进行调制，这是整个系统实现的难点，通常偏振面调制幅度为 2°～5°。为了达到这一要求，需要采用高韦尔代常数材料和大匝数线圈。

实际选用 TG28 晶体，并采用 852.3nm 激光器作为光源测量了其韦尔代常数，测量方法与前面测量 ZF7 玻璃韦尔代常数类似，得到如图 12.11 所示结果，其线性拟合函数 $\theta = 0.368B + 320.6$，晶体的长度为 12cm，可计算出其韦尔代常数为

53.5rad/(T·m)。同时，选用5000匝，电感值为581mH，电阻值29.6Ω的线圈。若要产生2°的偏振面旋转角，需要在线圈中产生6mT的磁场，而这样的磁场要求驱动电流达到400mA。由于线圈的阻抗 $Z=R+\mathrm{i}\omega L$，在调制频率为1kHz的情况下，驱动线圈的功率放大器电压输出为232V，这样的功率放大器在电路上是很难实现的。因此，单纯采用功率放大器驱动线圈仅能采用较低的调制频率，在试验中采用自研的功率放大器实现了300Hz左右的调制频率，这种调制频率仅适用于偏振面旋转角是稳态或变化缓慢的情况下使用,这在很大程度上影响系统的响应速度。为了克服此缺点，采用电容匹配的方式驱动线圈。

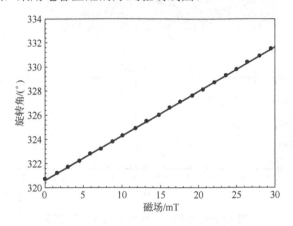

图12.11　磁场与偏振面旋转角关系曲线

根据电路的基本理论，当电阻、电感、电容串联时，电路的阻抗为

$$Z = R + \mathrm{i}\omega L + \frac{1}{\mathrm{i}\omega C} \qquad (12.6)$$

当调制频率 $\omega=1/\sqrt{LC}$，电路阻抗仅剩电阻值，大大降低了线圈驱动功率放大器的设计难度。根据调制频率的要求试验中采用了不同标称值的电容进行匹配，并测试了不同匹配电容时的谐振曲线，如图12.12所示，纵坐标表示电路中的电流，谐振频率分别为0.99kHz、1.45kHz和2.1kHz，可采用这几个频率作为调制频率。

当法拉第调制频率为1.45kHz时，得到锁相放大器的显示电压与产生微小偏转角驱动电流的关系，如图12.13所示。为测量其灵敏度和稳定性，进行10次重复测量，发现每次测量的数据结果波动比较大，但将10组数据分别进行线性拟合后，斜率变化较小，平均值为-0.176mV/mA，标准差是0.002mV/mA。根据前面的结果，微小偏转角产生系统的驱动电流引起旋转角 $\delta\theta \gg 2.2\times10^{-6}$ rad/mA，说明法拉第调制技术具有极高的测量灵敏度，可实现 10^{-8} rad 的微小偏转角检测。

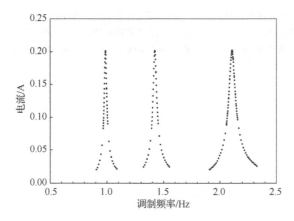

图 12.12　不同匹配电容的谐振频率

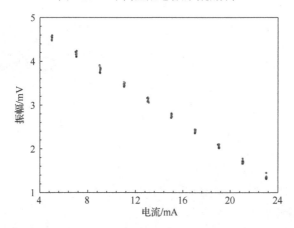

图 12.13　锁相放大器电压值与线圈驱动电流关系

参 考 文 献

[1] Li S J, Wang B, Yang X D, et al. Controlled polarization rotation of an optical field in multi-Zeeman-sublevel atoms. Physics Review A, 2006, 74(3): 033821.

[2] Acosta V M, Bauch E, Jarmola A, et al. Broadband magnetometry by infrared-absorption detection of nitrogen-vacancy ensembles in diamond. Applied Physics Letters, 2010, 97(17): 174104.

[3] 李晓坤. 精密光电检测电路设计方案. 电子产品世界, 2003, 12(23): 37-39.

[4] 刘彬, 张秋婵. 光电检测前置放大电路设计. 燕山大学学报, 2003, 27(3): 193-196.

[5] 王立刚, 建天成, 牟海维, 等. 基于光电二极管检测电路的噪声分析与电路设计. 大庆石油学院学报, 2009, 33(2): 88-92.

[6] Jiménez-Martínez R, Knappe S, Griffith W C, et al. Conversion of laser-frequency noise to optical-rotation noise in cesium vapor. Optical Letters, 2009, 34(16): 2519-2521.

[7] 刘强, 曾宪金, 张军海, 等. 法拉第调制技术在微小旋转角检测中的应用. 光学与光电技术, 2009, 7(6): 65-68.

[8] 徐丽珊. 平面偏振光微小偏转角的精密测量. 武汉: 武汉科技大学, 2006: 9-11.

[9] 常悦, 钱小陵. 光偏振的微小旋转角的测量技术. 量子电子学报, 1999, 16(4): 375-378.

[10] Kominis I K, Kornack T W, Allred J C, et al. A subfemtotesla multichannel atomic magnetometer. Nature, 2003, 422(6932): 596-598.